東京大学工学教程

基礎系 化学

無機化学III 無機材料の構造と物性

東京大学工学教程編纂委員会 編

宮山　勝
北中 佑樹
野口 祐二
中村 吉伸　著
松井 弘之
竹谷 純一

Inorganic Chemistry III
Structure and Properties of
Inorganic Materials

SCHOOL OF ENGINEERING
THE UNIVERSITY OF TOKYO

丸善出版

東京大学工学教程

編纂にあたって

　東京大学工学部，および東京大学大学院工学系研究科において教育する工学は
いかにあるべきか．1886 年に開学した本学工学部・工学系研究科が 125 年を経
て，改めて自問し自答すべき問いである．西洋文明の導入に端を発し，諸外国の
先端技術追奪の一世紀を経て，世界の工学研究教育機関の頂点の一つに立った
今，伝統を踏まえて，あらためて確固たる基礎を築くことこそ，創造を支える教
育の使命であろう．国内のみならず世界から集う最優秀な学生に対して教授すべ
き工学，すなわち，学生が本学で学ぶべき工学を開示することは，本学工学部・
工学系研究科の責務であるとともに，社会と時代の要請でもある．追奪から頂点
への歴史的な転機を迎え，本学工学部・工学系研究科が執る教育を聖域として閉
ざすことなく，工学の知の殿堂として世界に問う教程がこの「東京大学工学教程」
である．したがって照準は本学工学部・工学系研究科の学生に定めている．本工
学教程は，本学の学生が学ぶべき知を示すとともに，本学の教員が学生に教授す
べき知を示す教程である．

2012 年 2 月

2010-2011 年度
東京大学工学部長・大学院工学系研究科長　北　森　武　彦

東京大学工学教程
刊 行 の 趣 旨

　現代の工学は，基礎基盤工学の学問領域と，特定のシステムや対象を取り扱う総合工学という学問領域から構成される．学際領域や複合領域は，学問の領域が伝統的な一つの基礎基盤ディシプリンに収まらずに複数の学問領域が融合したり，複合してできる新たな学問領域であり，一度確立した学際領域や複合領域は自立して総合工学として発展していく場合もある．さらに，学際化や複合化はいまや基礎基盤工学の中でも先端研究においてますます進んでいる．

　このような状況は，工学におけるさまざまな課題も生み出している．総合工学における研究対象は次第に大きくなり，経済，医学や社会とも連携して巨大複雑系社会システムまで発展し，その結果，内包する学問領域が大きくなり研究分野として自己完結する傾向から，基礎基盤工学との連携が疎かになる傾向がある．基礎基盤工学においては，限られた時間の中で，伝統的なディシプリンに立脚した確固たる工学教育と，急速に学際化と複合化を続ける先端工学研究をいかにしてつないでいくかという課題は，世界のトップ工学校に共通した教育課題といえる．また，研究最前線における現代的な研究方法論を学ばせる教育も，確固とした工学知の前提がなければ成立しない．工学の高等教育における二面性ともいえ，いずれを欠いても工学の高等教育は成立しない．

　一方，大学の国際化は当たり前のように進んでいる．東京大学においても工学の分野では大学院学生の四分の一は留学生であり，今後は学部学生の留学生比率もますます高まるであろうし，若年層人口が減少する中，わが国が確保すべき高度科学技術人材を海外に求めることもいよいよ本格化するであろう．工学の教育現場における国際化が急速に進むことは明らかである．そのような中，本学が教授すべき工学知を確固たる教程として示すことは国内に限らず，広く世界にも向けられるべきである．

　現代の工学を取り巻く状況を踏まえ，東京大学工学部・工学系研究科は，工学の基礎基盤を整え，科学技術先進国のトップの工学部・工学系研究科として学生が学び，かつ教員が教授するための指標を確固たるものとすることを目的として，時代に左右されない工学基礎知識を体系的に本工学教程としてとりまとめた．本工学教程は，東京大学工学部・工学系研究科のディシプリンの提示と教授指針の明示化であり，基礎(2 年生後半から 3 年生を対象)，専門基礎(4 年生から大学院修士課程を対象)，専門(大学院修士課程を対象)から構成される．したがって，工学教程は，博士課程教育の基盤形成に必要な工学知の徹底教育の指針でもある．工学教程の効用として次のことを期待している．

- 工学教程の全巻構成を示すことによって，各自の分野で身につけておくべき学問が何であり，次にどのような内容を学ぶことになるのか，基礎科目と自身の分野との間で学んでおくべき内容は何かなど，学ぶべき全体像を見通せるようになる．
- 東京大学工学部・工学系研究科のスタンダードとして何を教えるか，学生は何を知っておくべきかを示し，教育の根幹を作り上げる．
- 専門が進んでいくと改めて，新しい基礎科目の勉強が必要になることがある．そのときに立ち戻ることができる教科書になる．
- 基礎科目においても，工学部的な視点による解説を盛り込むことにより，常に工学への展開を意識した基礎科目の学習が可能となる．

東京大学工学教程編纂委員会　　委員長　加　藤　泰　浩
幹　事　求　　幸　年

基礎系 化学

刊行にあたって

　化学は，世界を構成する「物質」の成り立ちの原理とその性質を理解することを目指す．そして，その理解を社会に役立つ形で活用することを目指す物質の工学でもある．そのため，物質を扱うあらゆる工学の基礎をなす．たとえば，機械工学，材料工学，原子力工学，バイオエンジニアリングなどは化学を基礎とする部分も多い．本教程は，化学分野を専攻する学生だけではなく，そのような工学を学ぶ学生も念頭に入れ編纂した．

　化学の工学教程は全20巻からなり，その相互関連は次ページの図に示すとおりである．この図における「基礎」，「専門基礎」，「専門」の分類は，化学に近い分野を専攻する学生を対象とした目安であるが，その他の工学分野を専攻する学生は，この相関図を参考に適宜選択し，学習を進めてほしい．「基礎」はほぼ教養学部から3年程度の内容ですべての学生が学ぶべき基礎的事項であり，「専門基礎」は，4年から大学院で学科・専攻ごとの専門科目を理解するために必要とされる内容である．「専門」は，さらに進んだ大学院レベルの高度な内容となっている．

＊　　＊　　＊

　本書は酸化物を主とする無機化合物の構造と物性，すなわち，結晶構造の成り立ちとその不完全性である格子欠陥，さまざまな物性と機能を学ぶことを目的としている．1章では，結晶構造の表し方と種類，構造対称性，構造解析法を説明する．2章では，格子欠陥の種類，熱力学的な扱い，固体内での移動（拡散）などを説明する．3章では，導電性など各種の物性について，発現機構や特徴，代表的材料や応用を説明する．無機材料の機能を考える際にはその基となる物性発現の起源を理解することが重要であり，また，何かの用途に利用するためには機能を制御する設計手法を知ることが必要である．本書によりそれらを学び，工学の基盤を身に付けてほしい．

東京大学工学教程編纂委員会
化学編集委員会

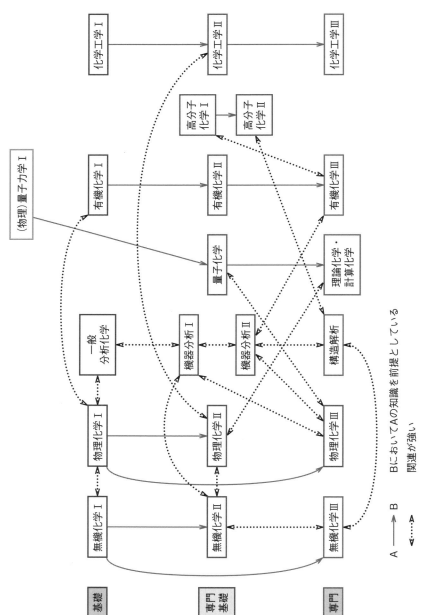

工学教程（化学分野）相互相関図

基礎

専門
基礎

専門

無機化学Ⅰ　無機化学Ⅱ　無機化学Ⅲ

物理化学Ⅰ　物理化学Ⅱ　物理化学Ⅲ

一般
分析化学　機器分析Ⅰ　機器分析Ⅱ　構造解析

量子化学　理論化学・
計算化学

（物理）量子力学Ⅰ

有機化学Ⅰ　有機化学Ⅱ　有機化学Ⅲ

高分子
化学Ⅰ　高分子
化学Ⅱ

化学工学Ⅰ　化学工学Ⅱ　化学工学Ⅲ

A ——→ B　　Bにおいて Aの知識を前提としている

　　関連が強い

目 次

は じ め に

　本書は無機材料の構造と物性について解説する．酸化物を主とする無機化合物について，結晶構造の成り立ちとその不完全性である格子欠陥，実用的な応用にも結び付いているさまざまな物性とそれによる機能を学ぶことを目的としている．

　本書の1章では，原子・イオンの規則的配列である結晶について，結晶構造の表し方と種類，結晶構造の対称性とその分類，および結晶構造の解析法を説明する．結晶構造の対称性はさまざまな物性の発現と密接な関係がある．2章では格子欠陥について，種類・記述法，熱力学的な扱い，固体内での移動（拡散）などを説明する．実際の機能材料では，すべてがこの格子欠陥の制御により物性制御が行われていると言っても過言ではない．3章では，導電性など各種の物性について，発現機構や特徴，代表的材料や応用を説明している．

　現在の科学技術ではさまざまな無機材料の機能が用いられている．ある機能やその基となる物性を考える際に，最も重要なことは，その発現の起源がどこにあるかを理解することであろう．また，それらを何かの用途に利用するには，その制御はどのようにすれば可能なのか，どの程度まで制御可能か，などの「設計」について知ることが必要である．本書によりそれらを学び，工学の基盤を身につけてほしい．

　なお，本書の内容は，工学教程化学分野の“無機化学Ⅰ”，“無機化学Ⅱ”だけでなく，“物理化学Ⅱ”，“機器分析”，“構造解析”などとも関連する項目がある．関連項目を確認，参照しつつ学修を進めることが望まれる．

1 結 晶 化 学

本章では無機固体の結晶に関して，結晶構造の表し方と種類，および構造の対称性とそれによる分類について説明する．結晶構造の対称性は3章で述べる各種の物性と密接な関係がある．さらに，結晶構造の解析に重要なX線回折法について説明する．結晶構造の基礎については"工学教程　無機化学I"の3章で説明しているので，そちらも参照されたい．

1.1 結 晶 構 造

1.1.1 結 晶 格 子

結晶では，原子，イオン，あるいは分子が固有の配置をもった集団を形成し，これが構造単位となって3次元に規則正しく配列されている．3次元に反復し周囲の環境が同一である点を**格子点**とよぶ．格子点は並進対称性操作により無限に再現される．すなわち，ある原子やイオンの位置からある方向に一定距離だけ移動したとき，もとと同じ環境をもつ同種の原子やイオンが存在する．このような周期配列をもつ構造が結晶格子である．また，格子点を結んでできる平行六面体で周期構造の繰返し単位となるものを**単位格子**(あるいは単位胞)とよぶ．図1.1に2種の原子からなる2次元結晶格子と単位格子の例を示す．太線で囲まれた平行四辺形は何れも単位格子とみなすことができる．また，四辺形頂点位置にある

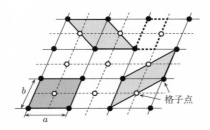

図 1.1 2種の原子からなる2次元結晶格子と単位格子

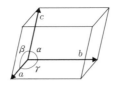

図 1.2　単位格子と格子定数

　一つの格子点のみからなるものを単純(プリミティブ)単位格子という．なお，図1.1 の右上の点線で囲まれた四辺形は格子点を結んではいないので，単位格子ではない．
　単位格子は同一平面状にない最小のベクトル(基本並進ベクトル)a，b，c で表される．通常はこれらのベクトルの方向を結晶軸に選ぶ．単位格子の大きさを定める平行六面体の稜の長さ(軸長)は，各ベクトルの大きさ(絶対値)である．$r = n_1 a + n_2 b + n_3 c$($n_1$，$n_2$，$n_3$ は任意の整数)で与えられる 3 次元空間の各点が格子点であり，その配列が結晶格子となる．単位格子は，各ベクトルの大きさ(軸長：a，b，c)と角度(軸角：α，β，γ)で規定される．これらを**格子定数**とよぶ．通常は，図 1.2 に示すように a 軸と b 軸のなす角を γ，のようにとる．単位格子はいくつかのとり方ができるが，一般には最も対称性がよく最小の大きさとなるように選ばれる．
　結晶格子においてある方向を表すには，その線に平行で原点を通る直線を引き，この線上にある点の座標により決めることができる．たとえば，ある点の結晶軸 a，b，c における座標が u，v，w ならば，原点とその点を結ぶ直線の方向は $[u\ v\ w]$ で表される．通常は最も小さい整数の組として表す．
　結晶構造では，その並進対称性から，原子やイオンが同様に配列した等価な面が平行に存在している．このような面を**格子面**という．格子定数が a，b，c である単位格子で，一つの格子面がそれぞれの結晶軸と座標 $pa, 0, 0$，$0, qb, 0$，$0, 0, rc$ で交差するとき，$1/p$，$1/q$，$1/r$ の比を整数で表したものが h，k，l であれば，この格子面を $(h\ k\ l)$ と表す．この表記法を **Miller**(ミラー)**指数**という．格子面と結晶軸との交点が負の領域にある場合は，その軸の指数の上に ‾ を付けて $(\bar{h}\ k\ l)$ のように表す．図 1.3 に立方晶格子における格子面の例を示す．図 1.3 (a)では格子面が各結晶軸と交差する点が $a\ 0\ 0$，$0\ \infty\ 0$，$0\ 0\ \infty$ とみなせるため，Miller 指数は $(1\ 0\ 0)$ となる．図 1.3(c)では x 軸と $-a\ 0\ 0$，y 軸と $0\ a\ 0$ で

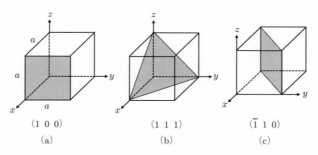

図 1.3 立方晶格子における格子面の例

表 1.1 格子点，方向，格子面の表記

u, v, w	格子点の座標
$[u\,v\,w]$	線の方向 （原点と格子点を結んだ線）
$\langle u\,v\,w \rangle$	等価な線の方向の組
$(h\,k\,l)$	格子面の Miller 指数
$\{h\,k\,l\}$	等価な格子面の組

交差するため $(\bar{1}\,1\,0)$ と表す．なお，六方晶系では，底面上にあり中心を通る 3 軸との交点およびそれらに垂直な c 軸との交点から $(h\,k\,i\,l)$ と表す．

　立方晶格子の単位格子では 4 本の対角線は等価な方向となる．このような場合，4 本の対角線はすべて $<1\,1\,1>$ で表される．また，立方晶格子の単位格子は六つの格子面で囲まれているが，これらはすべて等価である．それらをまとめて $\{1\,0\,0\}$ と表す．表 1.1 に格子点，方向，格子面の表記を示す．

1.1.2 最密充填構造

　金属結晶やイオン結晶では金属原子やイオンを剛体球として表すことができる．方向性をもつ共有結合の要素がなければ，これらの球は幾何学的に許される範囲で密に充填した構造をとる．

　まず，同一サイズの球の充填を考える．球を 1 層に配列すると一つの球の周りに 6 個の球が存在する．この第 1 層（A 層）の球の間のくぼみに球を乗せていく

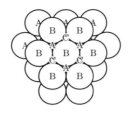

図 1.4　球の充填
第2層(A，B層)まで球を重ねた図.
第3層の球の乗る位置を，A，C で示す.

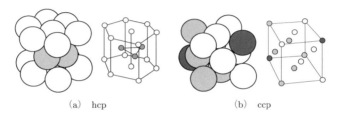

(a) hcp　　　　　　　　　　　(b) ccp

図 1.5　(a)六方最密充填(hcp)と，(b)立方最密充填(ccp)

と第2層(B層)ができる．このとき，第1層のくぼみの半分が第2層の球で占められている．第3層の球を乗せるとき，図1.4に示すように，第2層のくぼみには第1層の球の真上と真上でない位置の2種がある．すなわち，第3層にはA層とC層の2種が可能である．ABAB…の層の配列では六角柱型の構造ができ(図1.5(a))，これを**六方最密充填**(hexagonal closest packing：hcp)とよぶ．ABCABC…の層の配列は立方晶単位格子に対応するので(図1.5(b))，**立方最密充填**(cubic closest packing：ccp)とよぶ．図1.5(b)から，立方最密充填構造は面心立方格子であることがわかる．同一サイズの球の最密充填では球の配位数(最も近接する球の数)は12である．また，球の占める体積比率はhcpとccpで同じになる．最密充填構造でも球の隙間が存在するが，4個の球が正四面体の構造をとるときに中心にできる隙間は四面体間隙，6個の球が正八面体の構造をとるときにできる隙間は八面体間隙とよばれる．

　2種のイオンからなるイオン結晶では，Coulomb(クーロン)力により両イオン

が引き合い，ある距離で反発エネルギーと釣り合い，安定な状態になる．そのため，幾何学的な配置は両イオンの数の比（イオン価数により定まる）と陽陰イオンのイオン半径比でほぼ定まる．幾何学的配置を決める前提として次の条件がある．

① 陽イオンはその周りの陰イオンのどれとも接触する．
② 配位数をできるだけ大きくする．
③ 陽イオンの周囲の陰イオンは互いの反発を最小にするように配列する．

　一般には陰イオンのほうが陽イオンより大きいため，上記の条件を満たすには，密充填した陰イオンの隙間に陽イオンが位置する構造となる．陰イオンがつくる四面体間隙に陽イオンが位置するとき，陽イオンの陰イオンに対する配位数は 4 となる．配位数が 3, 4, 6, 8, 12 の場合の配位多面体の配置を図 1.6 に示す．陰陽両イオンがすべて接触する理想的な場合，イオン半径比 r_A/r_X（r_A, r_X はそれぞれ陽イオン半径，陰イオン半径）は図中に示した値となる．

　実際のイオン結晶ではイオン半径比が理想的な値になることはたいへん少ない．その場合，イオン半径比が理想的な値よりも大きい（陽イオンが陰イオンのつくる隙間より大きい）ほうが，理想的値より小さい場合よりも安定となる．そのため，たとえば r_A/r_X が 0.414（6 配位での理想値）以上，0.732（8 配位での理想

(a)　平面 3 配位　　　(b)　正四面体 4 配位　　(c)　正八面体 6 配位
　　$r_A/r_X=0.155$　　　　$r_A/r_X=0.225$　　　　$r_A/r_X=0.414$

(d)　立方体 8 配位　　(e)　最密 12 配位
　　$r_A/r_X=0.732$　　　$r_A/r_X=1.00$

図 1.6　配位多面体の配位数と陰陽イオン半径比

値)未満の範囲にあれば 6 配位をとるようになる.

1.1.3 結晶系と Bravais(ブラベ)格子

　単位格子の軸長と軸角の相互の関係から,表 1.2 に示す 7 種の結晶系が導かれる.また結晶は,単位格子中にある等価な格子点の位置により,以下の格子型に分けられる.ここで,多重度とは単位格子中に含まれる格子点の個数である.

① 単純格子(記号 P,多重度 1)
　等価な点は単位格子をつくる 8 個の格子点のみにある.
② 面心格子(記号 F,多重度 4)
　単純格子の等価点に加えて,各面の中心にも等価な点がある.
③ 底心(底面心)格子(記号 A,B,C の何れか[*1],多重度 2)
　単純格子の等価点に加えて,相対する一対の側面にも等価な点がある.
④ 体心格子(記号 I,多重度 2)
　単純格子の等価点に加えて,単位格子の中心にも等価な点がある.

　これらの 7 結晶系と格子型とから,図 1.7 に示す 14 種の格子が得られる.Bravais が導いたため **Bravais 格子**(あるいは空間格子)とよばれ,すべての結晶はそのどれかを基礎としている.

表 1.2　7 結晶系と格子定数

晶　系	格子定数	軸長の関係	軸角の関係	Bravais 格子
立方晶系	a	$a=b=c$	$\alpha=\beta=\gamma=90°$	P, F, I
六方晶系	$a\ c$	$a=b\neq c$	$\alpha=\beta=90°,\ \gamma=120°$	P
菱面体晶系	$a\ \alpha$	$a=b=c$	$\alpha=\beta=\gamma\neq90°$	$R(P)$
正方晶系	$a\ c$	$a=b\neq c$	$\alpha=\beta=\gamma=90°$	P, I
斜方晶系	$a\ b\ c$	$a\neq b\neq c$	$\alpha=\beta=\gamma=90°$	$P, F, I, C(A, B)$
単斜晶系	$a\ b\ c\ \beta$	$a\neq b\neq c$	$\alpha=\gamma=90°,\ \beta\neq90°$	$P, C(A, B)$
三斜晶系	$a\ b\ c\ \alpha\ \beta\ \gamma$	$a\neq b\neq c$	$\alpha\neq\beta\neq\gamma$	P

[*1]　(1 0 0)面の中心に格子点があるものを A,(0 1 0)面の中心に格子点があるものを B,(0 0 1)面の中心に格子点があるものを C と表す.

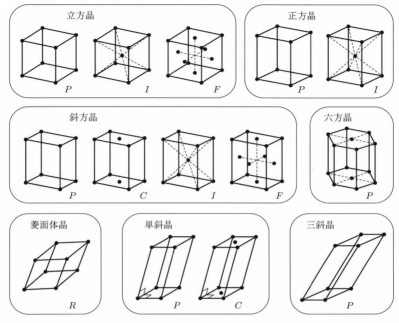

図 **1.7**　14 種類の Bravais 格子

1.1.4　主要な結晶構造

結晶中ではたらく化学結合には，イオン結合，共有結合，金属結合，水素結合，配位結合などがあり，これらによる結合力が結晶構造を形成している．ここでは，イオン結合によって構造が形成されているイオン結晶について述べる[*2].

イオン結晶の構造を決める原理について，Pauling は 5 項目の規則（**Pauling**（ポーリング）**則**）をまとめている．とくに第 1 則と第 2 則が重要であり，第 1 則：配位多面体の性質では，1.1.2 項で記したように，陰イオン間隙への陽イオ

[*2]　それぞれの結合の機構や特徴については，"工学教程　無機化学 I" の 2 章に詳述されている．また Pauling 則，格子エンタルピーおよび代表的結晶構造は同 "無機化学 I" の 3 章に説明されているので，参照されたい．

ンの配置と配位数がイオン半径比により決まることが述べられている. すなわち, 幾何学的に無理のない構造が安定であることを示している. 第2則: 静電子価則は, さまざまな比率の陽イオンと陰イオンからなるイオン結晶で, 電気的に中性を保つ構造が安定であることを示している. これらが結晶構造を定める基本となる.

　結晶に限らず, 化合物はその自由エネルギーが最も低くなる構造をとろうとするため, それぞれの結晶構造の安定性は, その格子エンタルピー(単に格子エネルギーともよぶ)により比較できる. 格子エンタルピーは, 固体が解離して気体のイオンになる反応の標準モルエンタルピー変化である. 気体イオンが結晶格子を生成する際に放出されるエンタルピーともいえ, その値(正)が大きいほど結晶格子は安定となる. 格子エンタルピーの値は, イオン間の Coulomb 引力と反発力によるポテンシャルエネルギーをすべて(通常 1 mol)のイオンについて総和することにより求められる. その際に結晶構造に依存する **Madelung**(マーデルング)**定数**(結晶構造により異なる級数の収束値)が用いられる.

　表1.3 に 2 元系化合物における典型的な結晶構造を示す. 表中の組成は, 陽イオンを M, 陰イオンを X としてその比率で示している. また, 配位数は陽イオンの陰イオンに対する配位数 m, 陰イオンの陽イオンに対する配位数 n を m : n として表している. 組成(陰陽両イオンの価数の比), 配位数(陰陽両イオンのイオン半径比)により, 結晶構造がほぼ定まることがわかる. 図1.8 には, 主要な結晶構造の模式図を示す(共有結合によるダイヤモンド型構造も含む).

表 1.3　組成と典型的な結晶構造
M: 陽イオン, X: 陰イオン

組成	配位数	結晶構造	組成	配位数	結晶構造
MX	4 : 4	閃亜鉛鉱型	M_2X	4 : 8	逆ホタル石型
MX	4 : 4	ウルツ鉱型	M_2X	2 : 4	赤銅鉱型
MX	6 : 6	NaCl 型	M_2X_3	6 : 4	コランダム型
MX	8 : 8	CsCl 型	M_2X_3	6 : 4	希土類 C 型
MX_2	4 : 2	β-クリストバライト型	M_2X_3	7 : ≈4	希土類 A 型
MX_2	6 : 3	ルチル型			
MX_2	8 : 4	ホタル石型			

M_2X_5, MX_3 等は省略.

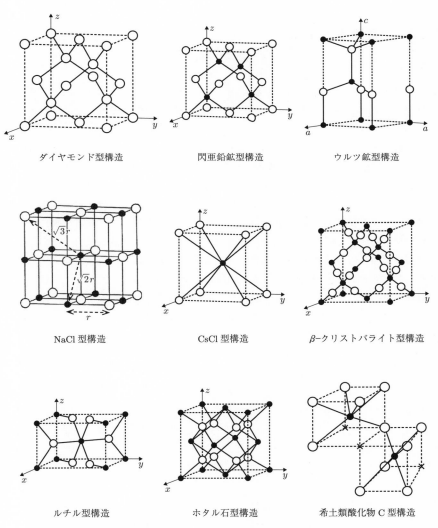

ダイヤモンド型構造　　　　閃亜鉛鉱型構造　　　　ウルツ鉱型構造

NaCl 型構造　　　　　CsCl 型構造　　　　β-クリストバライト型構造

ルチル型構造　　　　ホタル石型構造　　　希土類酸化物 C 型構造

図 **1.8**　　主要な結晶構造
　　　　●：陽イオン，○：陰イオン(ダイヤモンド型構造を除く)

1.2　結晶構造と対称性

1.2.1　対 称 の 要 素

　結晶構造はある基本構造が**対称操作**によって繰り返された構造である．その対称操作は基本となる要素の組合せで表され，**回転**，**鏡映**，**反転**，**回映**，**回反**などがある（図 1.9）．

　回転とは，ある軸（回転軸）を中心として一定の角度だけ回転させる操作で，$2\pi/n$ の角度の回転でもとの構造と一致するとき，この回転軸を n 回回転軸という．回転軸には 1，2，3，4，6 の 5 種がある．また，この構造は回転対称性があると表現する．**鏡映**はある平面に対してその面を鏡として鏡像を得る操作で，その平面を鏡映面または対称面という．**反転**はある点を中心に行う対称操作で，原点を中心とする場合には，位置 (x, y, z) が $(-x, -y, -z)$ に移動する．このときの原点は対称中心とよばれる．**回映**は，回転操作の後に回転軸に垂直な面を対称面として鏡映操作を行うものである．**回反**は，ある回転軸について回転操作を行った後，回転軸上の 1 点を対称中心として反転操作を行うものである．

　対称操作の表記法には，**Hermann-Mauguin**（ヘルマン・モーガン）**表記**と

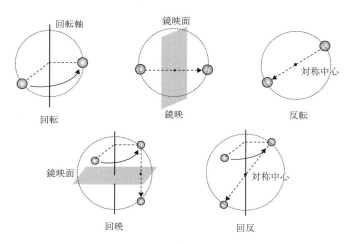

図 1.9　さまざまな対称操作

表 **1.4** 対称要素と記号（並進を含まない）

表 記		対称要素	記 号
Hermann -Mauguin	Schönflies		
1	C_1	1 回回転軸	なし
2	C_2	2 回回転軸	●
3	C_3	3 回回転軸	▲
4	C_4	4 回回転軸	◆
6	C_6	6 回回転軸	⬢
$i,\ \bar{1}$	$S_2,\ C_i$	反転，1 回回反軸	○
$\bar{2},\ m$	$\sigma,\ C_s$	2 回回反軸，鏡映面*	◖
$\bar{3}$	$S_6,\ C_{3i}$	3 回回反軸	△
$\bar{4}$	S_4	4 回回反軸	◇
$\bar{6}$	$\sigma_\mathrm{h} C_3$	6 回回反軸	⬡

＊鏡映面は太い直線や円で表す．

Schönflies（シェーンフリース）**表記**の 2 種類がある（前者は国際表記ともよばれる）．表 1.4 に対称操作の表記と図示する場合の記号を示す．たとえば n 回回転軸は，Hermann-Mauguin 表記では n，Schönflies 表記では C_n で表される．n 回回反軸は，n の上に ￣ を付けた $\bar{n}$ で表す（Hermann-Mauguin 表記）．

　ある対称操作が他の対称操作の組合せによりできる場合がある．たとえば，鏡映は，ある面に垂直な 2 回回転軸の周りの回転操作と反転操作の組合せである．そのため，m と $\bar{2}$ の両方で示すことができる．また，6 回回反は 3 回回転 C_3 と鏡映 σ_h（軸に直行する鏡映面）の組合せとなる．そのため，表記としては $\bar{6}$ と σ_h C_3 は等価となる．結晶は周期的な構造をもっているため，結晶構造に対する対称要素は表 1.4 の 10 種類である．このうち，$\bar{3}$ は 3 と $\bar{1}$，$\bar{6}$ は $\bar{3}$ と 2 の組合せになるので，独立な対称要素は 8 種類となる．

　対称要素の位置・角度情報を知るために，図 1.10 に示すような投影図を用いると便利である．対象とする単位格子や分子の中のある点を球（参照球という）の中心に置く．この中心から，対称性を反映している点（図中の N）や面の法線を通り抜ける直線が球と交わる点 N'（極点とよぶ）の分布が対称性を表している．図のように球上の 1 点 S_0 から反対側の点 N_0 に接する平面に極点 N' を N'' として写し出す投影法をステレオ投影とよぶ．この手法では，中心点 0 と N を結ぶ

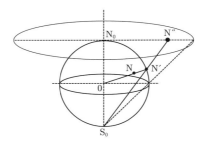

図 **1.10**　ステレオ投影図の例

線をある $(h\ k\ l)$ 面に垂直になるようにとれば，N' はその面に平行なすべての面を代表することになる．$(h\ k\ l)$ 面が S_0 と N_0 を結ぶ直線を軸として n 回回転対称であれば，投影面にもその対称性の記号を記す．通常，北半球上の極点と南半球上の極点を●，〇（あるいは○，×）で区別する[*3]．

1.2.2　点　群

　併進を含まない対称要素がいくつか集まり，それが空間の中の 1 点を通っているときは，それらの要素を用いて対称操作を行ってもその点は動かない．このような対称操作の集まりのつくる群を**点群**という．7 種類の結晶系に対して表 1.4 の 10 種類の対称要素を用いると 32 種類となり，これを **32 結晶点群**という．結晶系と対応させた 32 結晶点群を表 1.5 に示す．Hermann-Mauguin 表記では，いくつかの対称要素をもつときはそれらをつづけて記す．n 回回転軸に直交して鏡映面が存在するときは n/m と書く．たとえば，正方晶系で 4 回回転軸とこれに垂直な二つの 2 回回転軸をもち，これらに垂直な鏡映面をもつ場合は $4/m\ 2/m\ 2/m$ となるが，通常は $4/mmm$ と略記される．また，2 種類以上の回転軸を含む構造で n が最大となる回転軸を主軸とよぶ．たとえば，622 では 6 回回転軸が主軸である．Schönflies 表記では，C_n，S_{2n}，D_n はそれぞれ n 回回転軸，$2n$ 回回映軸，n 回回転軸とこれに垂直な 2 回回転軸を示している．添え字の h，v

---

[*3]　鏡映面や対称軸の対称要素上にある点は対称操作により新たな点は生じないため特殊点とよばれる．これと区別するため，対称要素上にない点は一般点ともよばれる．

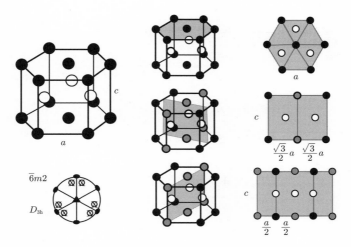

$\overline{6}m2$

D_{3h}

図 **1.11** 六方晶系 $\overline{6}m2\,(D_{3h})$ の対称要素と投影図

は軸に垂直な鏡映面, 軸を含む(平行な)鏡映面を含むことを表す. また, T_d と O_h はそれぞれ正四面体, 正八面体の対称性に由来している.

図 1.11 に六方晶系の $\overline{6}m2\,(D_{3h})$ の例を示す. 左側に示す構造中の原子をある面に投影した図を右側に示してある. 見やすくするため, 原子は色の濃さを変えて表している. この点群は, 3 回回転軸(主軸)とこれに垂直な 2 回回転軸を含む点群 (D_3) に, さらに主軸と直交する鏡映面を加えた点群である. これらの対称要素は回反軸と鏡映面の組合せとしても表せる.

表 1.5 に示した 32 結晶点群の中で, 11 個の点群は反転中心すなわち**中心対称性**をもつ. これらは Laue(ラウエ)クラスとよばれる. 残りの 21 個の点群が中心対称性をもたないが, これから 432 を除いた 20 個の中心対称性をもたない点群に属する結晶では, 外部から応力を加えると分極が生じ電荷が生じる. すなわち, 結晶両端の間に電圧が発生する. これが圧電性である. また, 中心対称性をもたない点群に属する結晶の多くは自然旋光性を示す.

ステレオ投影図を見ると, 中心対称性をもたない点群のうち 10 個の点群は北半球(あるいは南半球)のみに点(一般点)が存在することがわかる. これらは**極性**をもつ点群とよばれる. これに属する結晶(極性結晶)は外部電場が 0 のときでも自発分極をもつ.温度変化により電荷が生じる焦電性はこの極性結晶で発現する.

表 1.5　7 結晶系と 32 結晶点群

主要対称要素　結晶系格子型	三斜晶系 P	単斜晶系 P, C	菱面体(三方)晶系 $R(P)$
回転軸	1　C_1　#	2　C_2　#	3　C_3　#
回反軸	$\overline{1}$　C_i　*	$\overline{2}=m$　C_s　#	$\overline{3}$　C_{3i}　*
回転軸 + 直交鏡映面		$2/m$　C_{2h}　*	

		斜方晶系 P, C, F, I	
回転軸 + 軸平行鏡映面		$2\,mm$　C_{2v}　#	$3\,m$　C_{3v}　#
回反軸 + 直交鏡映面			$\overline{3}\,m$　D_{3d}　*
回転軸 + 直交 2 回軸		222　D_2	32　D_3
回転軸 + 直交・平行鏡映面		mmm　D_{2h}　*	

＊1　格子型の記号は，P：単純格子，F：面心格子，C：底心格子，I：体心格子．

＊2　点群の記号の上段は Hermann-Mauguin 表記，下段は Schönflies 表記．

＊3　表中の ＊ は中心対称性をもつ点群，# は極性をもつ点群．

正方晶系 P, I	六方晶系 P	立方晶系 P, F, I
4 C_4 #	6 C_6 #	23 T
$\overline{4}$ S_4	$\overline{6}$ C_{3h}	$m3$ T_h *
$4/m$ C_{4h} *	$6/m$ C_{6h} *	
$4\,mm$ C_{4v} #	$6\,mm$ C_{6v} #	
$\overline{4}2\,m$ D_{2d}	$\overline{6}\,m2$ D_{3h}	$\overline{4}3\,m$ T_d
422 D_4	622 D_6	432 O
$4/mmm$ D_{4h} *	$6/mmm$ D_{6h} *	$m\overline{3}\,m$ O_h

- 中心対称性をもつ点群：$\bar{1}$, $2/m$, mmm, $\bar{3}$, $\bar{3}m$, $4/m$, $4/mmm$, $6/m$, $6/mmm$, $m3$, $m\bar{3}m$
- 極性をもつ点群：1, m, 2, $2mm$, 3, $3m$, 4, $4mm$, 6, $6mm$

1.2.3 空　間　群

　結晶ではその構造単位が3次元空間に周期的に配列しているため，ある対称操作を行った結果，単位格子内のある点が隣接する単位格子へ移り，単位格子中の以前の位置とまったく変わらないことも起こり得る．したがって，格子軸に沿った格子軸の長さに相当する並進(併進)も対称操作となる．これに加えて，回転と鏡映に伴う格子軸の長さの整数分の1の並進を含んだ対称操作がある．これには大きく分けて2種類あり，一つは回転とその軸方向への並進を伴ったらせん操作，もう一つは鏡映面に平行な並進を伴った映進操作である．

　らせん軸の例として4_1を説明する．これは図1.12のように90°回転して格子長の1/4だけ軸に沿って移動した点に一つ目の点を再生し，次にまた90°回転して1/4だけ移動した点に二つ目の点を再生する．これを繰り返し，4回目には隣接する単位格子でもとの位置に戻るという操作である．4_1では4回の90°回転で隣の単位格子であったが，4回の回転で単位格子2個分や3個分進む操作もあり，これらは4_2, 4_3と表す．

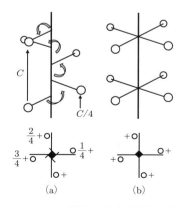

図 **1.12**　(a)らせん操作4_1と(b)通常の回転操作4

　映進操作の一つである軸映進の例を図1.13に示す. 格子長の1/2だけ a, b, c 何れかの方向に点を移動した後, その軸を含む鏡映面について鏡映操作を繰り返す操作である. この鏡映面を映進面とよび, 移動方向を付けて a 映進などという. 対角映進は $(a+b)/2$, $(b+c)/2$, $(c+a)/2$ という部分的な並進操作の後に鏡映操作を行うものである. また, ダイヤモンド映進は立方晶, 正方晶あるいは斜方晶の格子に存在し, $(a\pm b)/4$, $(b\pm c)/4$, $(c\pm a)/4$ あるいは $(a\pm b\pm c)/4$ という部分的な並進を行った後, 鏡映を行う操作である. 表1.6にこれらの対称要素とその記号を示す.

　結晶における原子の集団を, 点群における対称要素と上記の並進を含む対称要

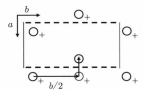

図 1.13　軸映進(b映進)

表 1.6　並進を含む対称要素

表　記	対称要素	記　　号	並　　進
2_1	2回らせん軸		$c/2$
$3_1, 3_2$	3回らせん軸		$c/3, 2c/3$
$4_1, 4_2, 4_3$	4回らせん軸		$c/4, 2c/4, 3c/4$
$6_1, 6_2, 6_3,$ $6_4, 6_5$	6回らせん軸		$c/6, 2c/6, 3c/6$ $4c/6, 5c/6$
a, b, c	映進面		紙面に平行($a/2, b/2$ など) 紙面に垂直($c/2$ など)
n	対角映進面		$(a+b)/2$ など
d	ダイヤモンド 映進面		$(a+b)/4$ など

素を組み合わせて空間に配列する方法は 230 通りある．空間に配置された対称要素は群をつくり，それを**空間群**とよぶ．空間群の記号は主に Hermann-Mauguin 表記が用いられる．この記号では，格子型を表す記号の後に対称要素の記号を付け加える．たとえば，*Pbma* という空間群の記号では，最初の *P* は格子型が単純格子であることを示し，次の 3 文字はそれぞれ *a* 軸，*b* 軸，*c* 軸に関する対称要素を示す．*Pbma* の場合は *a* 軸に垂直で *b* 方向に移動する映進面，*b* 軸に垂直な鏡映面，*c* 軸に垂直で *a* 方向に移動する映進面があることを示している．それぞれの軸に関する対称要素が点群の記号で表されるときは，*P*222 のようにその記号がそのまま用いられる．なお，個々の空間群における対称要素や原子座標などは，International Tables for Crystallography (International Union of Crystallography 発行)の Vol. A (2005)，Vol. A1 (2010)に詳しく説明されている．

1.3　X 線回折による結晶構造の解析

1.3.1　X 線とその回折

結晶構造を実験的に明らかにする構造解析は，電磁波や粒子の結晶格子による回折を利用する．X 線を用いる回折法は最も一般的な方法であり，結晶系の同定・格子定数測定から精密な構造解析まで広く用いられている．中性子線や電子線などの回折を用いる方法もあり，それぞれの特性に応じて使い分けられている．

X 線は電磁波の一種であり，波長は 0.01～数十 nm 程度である．金属に高速の電子が入射されると，波長が連続的に変化する連続 X 線と特定の波長をもつ特性 X 線(固有 X 線ともいう)が発生する．前者は，電子が原子に衝突する際に電子の運動エネルギーが X 線光子に変わったものである．また後者は，入射電子が金属の内殻電子をたたき出し，より外殻の電子が生じた空位へ入る際に発生するものである．そのため，X 線の振動数は軌道間のエネルギー差に対応した特定の値となる．L 殻から K 殻への電子遷移による X 線は K$_\alpha$ 線，M 殻から K 殻への電子遷移による X 線は K$_\beta$ 線とよばれる．X 線回折には通常，Cu，Co，Mo 等の K$_\alpha$ 線が用いられる．

結晶に入射された X 線は，格子面の原子の電子によって散乱され方向を変える[*4]．図 1.14 のように距離 *d* だけ離れた等価な格子面が並んでいる場合，格子

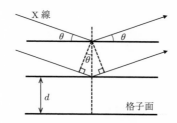

図 **1.14**　結晶格子面による X 線 Bragg 反射

面に角度 θ で入射した X 線の一部は同じ角度の散乱 X 線となり結晶外に出る. 異なる格子面で散乱された X 線の行路差が X 線の波長 λ の整数倍であるとき, それらの X 線は干渉して強め合う.

$$2d\sin\theta = n\lambda \qquad (n \text{ は正の整数}) \tag{1.1}$$

これを **Bragg**(ブラッグ)の公式という. この現象は, X 線が格子面で反射するようにみえるため Bragg 反射とよばれる. 発生した強い X 線を回折 **X 線**, θ を Bragg 角, 2θ を回折角(入射 X 線と回折 X 線の角度差)という.

　面間隔 d はある点(原点)から最も近い位置にある格子面に下ろした垂線の長さに等しい. 立方晶系の場合, 直交座標 x 軸, y 軸, z 軸で格子定数を a とすると, $(h\ k\ l)$ で表される格子面は $hx + ky + lz = a$ で示されるため, 原点からこの面への面間隔 d は,

$$\frac{1}{d^2} = \frac{h^2 + k^2 + l^2}{a^2} \tag{1.2}$$

と表される[*5]. 式(1.1)で $n = 1$ のとき, 式(1.1), (1.2)から,

$$\sin^2\theta = \frac{\lambda^2}{4a^2}(h^2 + k^2 + l^2) \tag{1.3}$$

が得られる. θ を変化させながら回折 X 線を測定することにより, 格子定数と

[*4]　散乱には, 入射 X 線と同波長の X 線を放出する Thomson(トムソン)散乱, わずかに長い波長の X 線を放出する Compton(コンプトン)散乱があり, 前者は回折現象を示し構造解析に用いられる. また, 蛍光 X 線は光電効果により放出される特性 X 線である.

[*5]　正方晶系および斜方晶系の面間隔 d はそれぞれ, 以下の式で示される.

$$\frac{1}{d^2} = \frac{h^2 + k^2}{a^2} + \frac{l^2}{c^2}, \qquad \frac{1}{d^2} = \frac{h^2}{a^2} + \frac{k^2}{b^2} + \frac{l^2}{c^2}$$

Miller 指数を知ることができる.

　単純格子ではすべての Miller 指数に対応する格子面から Bragg 反射が観察されるが, 体心格子や面心格子では特定の格子面からの反射が現れない. これを**消滅則**という. たとえば, 格子定数 a の体心立方格子では, (1 0 0)面とそれから $a/2$ の間隔をもつ体心位置原子がつくる格子面から反射された X 線は, 半波長だけ位相がずれるため互いに打ち消し合う. このため, (1 0 0)面からの回折 X 線は観察されない. 体心立方格子で Bragg 反射が生じるためには, 格子面の Miller 指数の和が偶数であることが必要である. また, 面心立方格子では h, k, l がすべて奇数かすべて偶数の場合でのみ回折 X 線が観察される [*6].

1.3.2　粉体・単結晶を用いる X 線回折

　X 線回折法には大別して, 粉末 X 線回折法, 単結晶 X 線回折法がある.

a.　粉末 X 線回折法

　粉末 X 線回折法は, 粉末状の結晶, あるいは微細な結晶粒子が緊密に集合した多結晶体を試料として取り扱う手法である. 一般に多用されている粉末 X 線回折装置は, 特性 X 線を放射する X 線源, 試料を取り付けて入射角度を調整できるゴニオメータ, X 線検出器からなる. X 線検出器は試料を中心として入射 X 線と回折 X 線を含む平面内に設置されている. 回折角 2θ をスキャンして回折 X 線の回折角と強度を測定することにより, 図 1.15 のような X 線回折プロファイルが得られる.

　測定試料の同定には, **JCPDS**(Joint Committee on Powder Diffraction Standards)カードが多く用いられる. このカードは一つの物質について, 回折データ, 結晶学的データ, 光学的データなどが記載されている. 測定結果との比較照合により物質を同定する.

　回折 X 線は結晶構造だけでなく, 測定物質のさまざまな状態から影響を受ける. そのため, プロファイル中に現れるピークの位置や強度, ピークの角度広が

[*6]　回折 X 線の強度を定める因子の一つである結晶構造因子 F が 0 のとき, 回折 X 線が生じない. 体心立方格子では $h + k + l = 2m + 1$ のとき, 面心立方格子では h, k, l が奇数偶数の混合のとき, $F = 0$ となる.

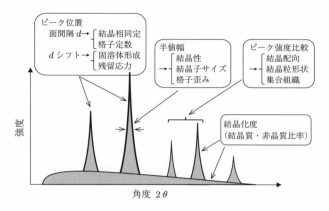

図 **1.15**　粉末 X 線回折プロファイルの例と得られる情報

り，ピークの形などから物質についてのさまざまな情報を得ることができる．図
1.15 には，広角領域(2θ がおよそ $5°$ 以上)での粉末 X 線回折法で知ることのでき
る物質の主な情報も示している．また，2θ がおよそ $10°$ 以下の小角領域の測定
では，微小粒子(空孔)サイズやその分布などの粒径解析や長周期構造の情報も知
ることができる．

b.　単結晶 X 線回折法

単結晶 X 線回折法は，単結晶を測定試料とした X 線回折法である．単結晶の
各結晶格子面からの X 線回折方向とその強度を詳細に測定・解析することによ
り，低分子からタンパク質などの生体高分子に至る化合物分子の立体構造を決定
することができる．

　最も古典的な単結晶 X 線回折法の一つに，**Laue 法**とよばれる方法がある．X
線の記録フィルムを後方に置いて単結晶に連続 X 線を照射すると，図 1.16 のよ
うに斑点状の像を取得することができる[*7]．X 線の回折が起こるには，入射 X
線の波長と入射方向，結晶の格子面間隔と方向のすべてが Bragg の式を満たす
必要があるが，幅広い波長をもつ連続 X 線を用いることによって回折条件が満

＊7　記録フィルムを後方に置く透過型のほかに，入射ビーム側において反射する回折像を測定す
　　る背面反射型がある．

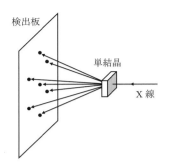

図 1.16 Laue 法による単結晶回折像の測定

たしやすくなる．このようにして単結晶の回折像を得る手法を Laue 法といい，得られた像は Laue 図形などとよばれる．Laue 図形は結晶の点群などを反映したパターンをもつため，結晶構造の対称性などの基本的情報を知ることができる．

　Laue 法は，連続 X 線を用いることと試料を固定できることから，比較的簡便に結晶構造の情報が得られる方法である．その反面，さまざまな波長をもつ連続 X 線を用いているため，それぞれの回折スポットを発生させた波長は特定できない．そのため，スポットの位置から格子面間隔の絶対値などの情報を得ることはできず，現在の結晶構造解析にはあまり利用されていない．現在の単結晶 X 線回折測定は粉末測定と同様に，波長が単一の特性 X 線を用い，さらに単結晶試料の方向を多軸ゴニオメータなどで精密に制御しながら回折像を測定する方法が一般的である．単結晶 X 線回折法はある程度のサイズの単結晶が必要となるために，試料作製のハードルは高いものの，結晶方向がランダムな粉末測定と比べて高精度に結晶構造の情報を取得することができる．

c.　精密結晶構造解析

　Bragg 反射の条件式には，結晶構造由来の情報としてはそれぞれの Miller 指数 h, k, l に対する格子面間隔 d_{hkl} しか含まれていないため，X 線回折からは一見して格子定数の情報しか得られないようにみえる．しかし X 線回折の起源は，結晶構造中に規則正しく配列した原子がもつ電子と X 線の相互作用による散乱であるため，結晶構造中の原子の種類や位置の情報を含んでいる．その数学的な

取扱いは割愛するが，Miller 指数 h, k, l に対応する回折ピークの強度 I_{hkl} は，以下の式で表される**結晶構造因子** F_{hkl} の絶対値の2乗に比例することが知られている．

$$F_{hkl} = \sum_i f_i \exp 2\pi i (hx_i + ky_i + lz_i) \tag{1.4}$$

ここで f_i は結晶単位格子に含まれる原子 i の**X線散乱因子**（原子散乱因子）[*8] を，(x_i, y_i, z_i) はその原子の格子中の分率座標を表している．すなわち，X線回折を用いた結晶構造の精密解析の主な目的は，回折角 2θ から格子定数を求めることに加えて，各 h k l の回折強度から結晶構造因子を求め，構成原子の種類とその座標を決定することにある．

単色のX線を用いた単結晶回折であれば，それぞれの Bragg 反射が別々のスポットとして測定できるため，回折スポットの位置と強度，その回折が現れる結晶の方位をもとに，結晶構造因子を精密に決定することができる．一方，粉末測定の場合は結晶方向がランダムなために，回折を起こす試料の結晶方位に関する情報を得ることはできず，得られる情報は回折角 2θ のみに限られる．複数の h k l 反射が近い回折角をもつためにピークが重畳してしまうことも多く，結晶構造の決定にはピーク分離などの解析が必要となる．

このような粉末試料のX線回折パターンから精密な結晶構造を得る手法として，**Rietveld**（リートベルト）**法**とよばれる解析法が広く用いられている．粉末の回折パターンは前述の結晶構造由来の情報に加えて，試料の状態や測定方法・装置誤差などのさまざまな影響を含んでいる．Rietveld 法は，これらの要素を踏まえてピーク形状などをパラメータ化し，結晶構造からシミュレートした回折パターンを測定データに最小二乗法を用いてフィッティングすることによって，結晶構造を精密化する手法である．ある程度正解に近い結晶構造を初期値として入力する必要があるため，まったく未知の結晶構造解析に用いることはできないものの，結晶の点群や原子配置などがある程度わかっている構造に対して，格子のサイズや原子の位置を精密化するのに適した解析方法である．

より精密な結晶構造を得ようとする場合には，入射X線としてシンクロトロン放射光を用いる方法や，X線の代わりに中性子線を用いる方法もさかんに行

[*8]　原子散乱因子は各原子が固有にもつX線の散乱能を示しており，原子中の電子濃度が球対称だと近似すると $4\pi \sin\theta/\lambda$ の関数となる．この近似に基づく各原子の原子散乱因子は各種データベースに $\sin\theta/\lambda$ の関数として与えられているため，X線の波長 λ と散乱角 2θ から各元素の原子散乱因子を得ることができる．

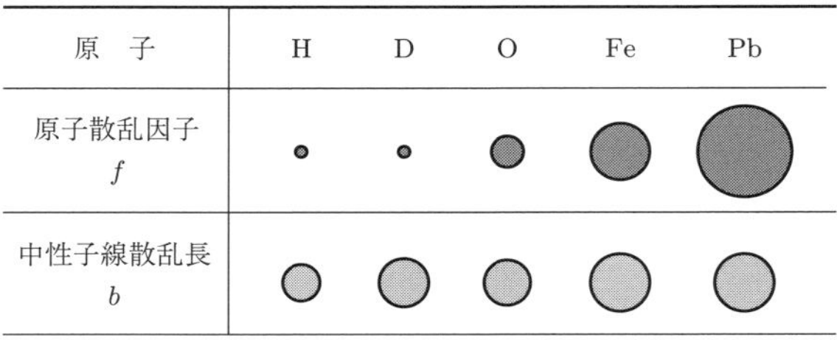

原　子	H	D	O	Fe	Pb
原子散乱因子 f	●	・	●	●	●
中性子線散乱長 b	●	●	●	●	●

図 1.17　各原子の原子散乱因子 f と中性子線の核散乱長 b の相対比較
　　　　　円の面積がそれぞれの絶対値に対応. f は $\theta = 0$ の場合.

われている. シンクロトロン放射光とは高速運動する荷電粒子が加速度を受けて
曲がる際に放射する電磁波であり, 直径数 m～数 km の蓄積リング内で電磁石
を用いて電子を高速回転させることで, 高輝度の X 線を得ることができる*9. X
線回折は原子中の電子による散乱が起源であるため, 電子数の小さい軽元素の情
報が得られにくい(原子散乱因子が小さい)という欠点があるが, 高輝度な放射光
X 線を用いてより微弱な回折ピークも測定することによって, 軽元素も含めた
より精密な構造解析を可能としている.

　X 線の代わりに中性子線を用いる方法も, 軽元素を含む結晶構造解析におい
て有効な手法である. X 線の回折が電子散乱由来であるのに対して, 中性子線
の回折が原子核の散乱に由来し, 電子散乱に比べて原子番号に大きく依存しない
のがその理由である. 図 1.17 に, 代表的な原子の原子散乱因子 f と中性子散乱長
(核散乱)b の比較図を示す. とくに H や O など, 身近な材料に多く含まれる軽
元素が X 線をあまり散乱しないのに対し, 中性子線に対して相対的に大きな散
乱能をもつことから, これらの原子の位置決定に**中性子線回折**はとくに有効な手
法である. また, 中性子線の散乱は同位体間でも異なるため, たとえば H(水
素)と D(重水素)などの同位体の識別においても, 中性子線回折は有効な解析手
法である.

─────────────

＊9　シンクロトロンから得られる放射光は一般に, X 線～赤外線の連続した波長の電磁波である
　　ため, 目的に応じた波長に単色化して用いられることが多い. 放射光 X 線回折測定におい
　　ても, モノクロメータなどを用いて単色化するのが一般的であるが, 金属ターゲットの特性
　　X 線を用いる実験室系の X 線回折装置とは異なり, 比較的自由に単色光の波長を変更でき
　　るのが放射光 X 線の特色の一つである.

2 格子欠陥論

　結晶の重要な性質は，結晶中に存在するさまざまな**欠陥**の種類とその濃度とに強く依存する．たとえば，機械的強度，半導体やイオン結晶の導電率(電気伝導率)，ルミネッセンス，光伝導，色などがあげられる．2.1 節では，点欠陥の種類と記述法について示す．2.2 節では，簡単な統計熱力学から出発して，点欠陥を定式化し，金属酸化物の欠陥化学について説明する．2.4 節では，点欠陥の生成と消滅の繰返しによって起こる固体内の拡散についてふれ，その動力学の基本原理となる Fick(フィック)の法則について概説する．2.5 節では，線状の欠陥に分類される転位について示し，金属の機械的性質における役割について述べる．

　さらに詳しく学ぶにあたり，欠陥化学については文献[1]を，欠陥全般については文献[2]を，拡散については文献[3]を参照されたい．

2.1　結晶格子欠陥の種類と表記法[1]

2.1.1　点欠陥の種類

　図 2.1 に示す 1 原子(A)からなる 2 次元結晶について考えてみよう．欠陥は，Ⅰ：原子的欠陥とⅡ：電子的欠陥に大別される．原子的欠陥には，**空孔**(図 2.1 (a))，**格子間原子**(図 2.1(b))，**異種(不純物)原子**(図 2.1(c)の B と C)がある．また，電子的欠陥には，電子(自由電子や捕捉電子)と正孔(ホール)がある．

　次に，2 原子(M と X)からなる結晶(MX)における格子欠陥について考える．

(a)　空孔　　　　　　(b)　格子間原子　　　　(c)　不純物原子

図 2.1　A 原子からなる 2 次元結晶における格子欠陥

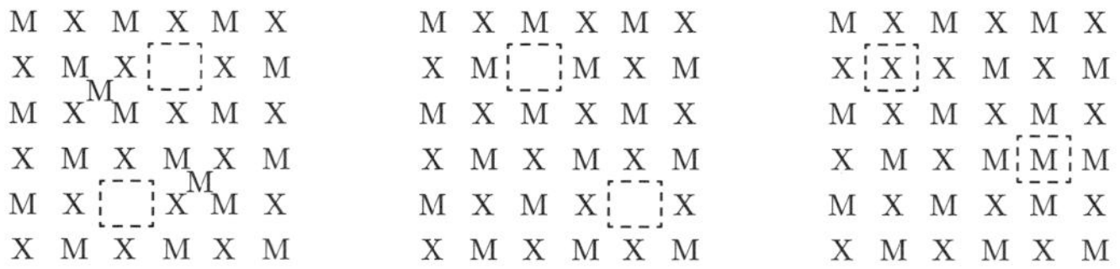

```
M X M X M X          M X M X M X          M X M X M X
X M X X X M          X M X M X M          X X X M X M
      M                      X
M X M X M X          M X M X M X          M X M X M X
X M X M X M          X M X M X M          X M X M M M
M X X X M X          M X M X X X          M X M X M X
          M
X M X M X M          X M X M X M          X M X M X M
```

(a) Frenkel 型欠陥   (b) Schottky 型欠陥   (c) アンチサイト欠陥

図 **2.2** 2原子(M と X)からなる結晶(MX)における格子欠陥

図 2.2 に示すように,3種類の欠陥に大別される(M と X の組成が一定の場合).
Frenkel(フレンケル)**型欠陥**(図 2.2(a))は,**空孔**と**格子間原子**の数が等しく,M
が格子間に移動した欠陥とみなせる.**Schottky**(ショットキー)**型欠陥**(図 2.2
(b))は,M と X の空孔の数が等しい複合欠陥の一種で,イオン結晶で最も多く
みられる重要な欠陥である.**アンチサイト欠陥**(図 2.2(c))は,M サイトに X が
あり,X サイトに M がある欠陥である.

2.1.2 格子欠陥の表記法

格子欠陥を表記するにあたり,**Kröger-Vink**(クレーガー・ヴィンク)**表記法**
が用いられる.図 2.3 における Kröger-Vink 表記法において,①,②,③は以
下のとおりである.

① What:対象とする原子や欠陥
② Where:原子や欠陥が存在するサイト
③ Charge:原子や欠陥の実効電荷

実効電荷は,母格子のそのサイトに,正規に存在する原子の電荷を基準とした
ときの電荷のずれを表す相対電荷である.実効電荷は,

×:電荷のずれがない場合
′:−1価(−2価の場合には「″」)
・:+1価(+2価の場合には「‥」)

で表す.
イオンモデルで近似できる金属酸化物 MO(M は金属原子,O は酸素原子)を
例に,欠陥の表記法を述べる.形式電荷は,M^{2+},O^{2-} である.

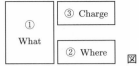

図 **2.3** 格子欠陥の表記法

① 正規のイオン

$$M_M{}^{\times} : M^{2+} \text{サイトの} M^{2+}$$
$$O_O{}^{\times} : O^{2-} \text{サイトの} O^{2-}$$

② 空孔

$$V_M{}'' : M^{2+} \text{サイトの空孔}$$
$$V_O{}^{\cdot\cdot} : O^{2-} \text{サイトの空孔}$$

　M^{2+} サイトの空孔は $V_M{}''$ となる. 本来 2+ の電荷があって実効電荷が 0(電気的に中性)の M サイトに M^{2+} がないので, 相対的に -2 価「"」に帯電していることになる. O サイトの空孔は $V_O{}^{\cdot\cdot}$ となる. 本来 2- の電荷があって実効電荷が 0 のサイトに O^{2-} がないので, 相対的に +2 価「"」に帯電していることになる. 実効電荷が小さい $V_M{}'$ や $V_O{}^{\cdot}$ も存在するが, 一般にその濃度は $V_M{}''$ や $V_O{}^{\cdot\cdot}$ に比べて桁で小さい.

③ 格子間イオン(interstitial)

$$M_i{}^{\cdot\cdot} : \text{格子間}(i)\text{にある} M^{2+} \text{イオン}$$
$$O_i{}'' : \text{格子間}(i)\text{にある} O^{2-} \text{イオン}$$

　実効電荷が小さい $M_i{}^{\cdot}$ や $O_i{}'$ も報告されている. しかし, その濃度は $M_i{}^{\cdot\cdot}$ や $O_i{}''$ に比べて桁で小さいのが一般的である.

④ 置換した異種原子 M1

$$M1_M{}^{\times} : M^{2+} \text{サイトに置換した} M1^{2+} \text{イオン}$$
　　　　電気的には中性(実効電荷は 0)
$$M1_M{}' : M^{2+} \text{サイトに置換した} M1^{+} \text{イオン(たとえば} Li^{+})$$
　　　　実効電荷は -1 価
$$M1_M{}^{\cdot} : M^{2+} \text{サイトに置換した} M1^{3+} \text{イオン(たとえば} Al^{3+})$$
　　　　実効電荷は +1 価

⑤ 電子的欠陥

e'：電子(欠陥生成反応により生じた電子)

$h^\cdot$：正孔(ホール)

2.1.3　不　定　比　性

　無機化合物は，原則として原子の原子価で決まる一定の組成をもつ．しかし，ほとんどの物質で，その組成は極微少量であるが変化する．この組成変化を**不定比性**とよぶ．不定比性は，遷移金属酸化物($Fe_{1-y}O$，$Ni_{1-y}O$)や希土類酸化物(CeO_{2-x}など)で顕著にみられる．

　不定比性の起源は，内的な要因と外的な要因の二つに大別される．ここで，金属酸化物 MO(M^{2+}, O^{2-})における酸素不定比性を例に説明する．

a.　内的な要因による不定比性

　還元による $V_O^{\cdot\cdot}$ の生成等がよい例である．この場合，組成は MO_{1-x} で示される．また，V_M''(M 空孔)の生成によっても $V_O^{\cdot\cdot}$ は生じ，組成は $M_{1-y}O_{1-y}$ (Schottky 型欠陥)となる．

b.　外的な要因による不定比性

　低価数イオン(A^+)の置換による $V_O^{\cdot\cdot}$ の生成等があげられる．組成は $M_{1-z}A_zO_{1-z/2}$ で示される．

　ほとんどの酸化物における $V_O^{\cdot\cdot}$ は，a. または b. のケースのみを考慮すれば十分である．実際には，a. と b. 両方の要因により不定比性が生じ，その組成は，厳密には $M_{1-y-z}A_zO_{1-y-z/2}$ で表される．特殊なケースを除いて，y と z は桁で異なる．$y \gg z$ では a. 内的な $V_O^{\cdot\cdot}$ が支配的，$y \ll z$ では b. 外的な $V_O^{\cdot\cdot}$ が支配的になる．

2.2　格子欠陥の熱力学と固溶体の化学[1]

2.2.1　空　孔　の　生　成

　1 mol の原子(Avogadro(アボガドロ)数 N_A)からなる完全結晶と，N_A 個の原

```
x x x x x x x x x x x      ┊      x x x x x x x x x x x
x x x x x x x x x x x      ┊      x x x x x x x   x x x
x x x x x x x x x x x      ┊      x x x┌x x x x┐x x x x x
x x x x x x x x x x x      ┊      x x x┊x  x x x x┊x x x x
x x x x x x x x x x x      ┊      x x x└x x x x┘x x x x x
x x x x x x x x x x x      ┊      x x x x x x x x x x x
```

| (a) 完全結晶 | (b) 空孔を含む結晶 | (c) 空孔周辺の構造緩和 |

自由エネルギー	G_p	G_i
原子の数	N_A 個	N_A 個
空孔の数	0 個	n 個
格子点の数	N_A 個	$(N_\mathrm{A}+n)$ 個
許される状態の数	w_p	w_i

> ☐ 1 個の空孔生成による
>   エンタルピー変化：ΔH_v
> ☐ 1 個の空孔を生成することによる
>   振動エントロピー変化：ΔS_v
> ☐ 配置（混合）エントロピー：ΔS_c
> ☐ n 個の空孔生成によるエントロピー変化 ΔS
> $\Delta S = n\Delta S_\mathrm{v} + \Delta S_\mathrm{c}$

図 2.4　(a)完全結晶，(b)空孔を含む結晶，(c)空孔周辺の構造緩和の模式図
完全結晶と空孔を含む結晶の重要なパラメータが図の下部にまとめられている．
また，空孔の生成に関係する重要なエンタルピーおよびエントロピーを右下に示
してある．

子と n 個の空孔からなる結晶を考える．図 2.4 に示す完全結晶(a)と空孔を含む
結晶(b)のモル **Gibbs**（ギブズ）**自由エネルギー**をそれぞれ G_p および G_i とする．

　n 個の空孔の生成により変化したモル Gibbs 自由エネルギー（ΔG）は，次式で
与えられる．

$$\Delta G = G_\mathrm{i} - G_\mathrm{p} = n\Delta H_\mathrm{v} - T\Delta S \tag{2.1}$$

ここで，ΔH_v は 1 個の空孔生成によるエンタルピー変化，T は温度である．n
個の空孔の生成によるエントロピー変化（ΔS）は，次式で表される．

$$\Delta S = n\Delta S_\mathrm{v} + \Delta S_\mathrm{c} \tag{2.2}$$

ΔS_c は後述する**配置（混合）エントロピー**である．また ΔS_v は振動エントロピーと
よばれ，空孔周辺の原子振動のエントロピー変化である．空孔が生成すると，近
接原子は空孔に近づく方向に変位して構造が緩和する（構造緩和，図2.4(c)）．構
造緩和により，近接原子の熱振動の振幅は，ほかに比べて大きくなる．この結
果，空孔の近接原子の振動数 ν は小さくなるため，ΔS_v は常に正である．なお，
ΔS_v は $S_\mathrm{v} = k(\ln kT/h\nu + 1)$ で示される（h は Planck（プランク）定数）．したがっ
て，ΔG は次式で示される．

$$\Delta G = n\Delta H_v - T\Delta S = n\Delta H_v - T(n\Delta S_v + \Delta S_c)$$
$$= n(\Delta H_v - T\Delta S_v) - T\Delta S_c \tag{2.3}$$

2.2.2 自由エネルギー ΔG と欠陥濃度の関係

図 2.5 は，欠陥である空孔の数 n が増加すると，自由エネルギーがどのように変化するかを模式的に示している．ΔG と n の関係には，以下の特徴がある．

① $n=0$(完全結晶)から $n=n_0$(平衡状態)まで：配置エントロピーの項($T\Delta S_c$)が支配的で，欠陥数(n)の増加に伴い ΔG は減少する．
② $n>n_0$：$n(\Delta H_v - T\Delta S_v)$ が支配的になり，ΔG は増加する．
③ $n=0$(完全結晶)の実現は不可能(絶対零度でのみ $n=0$)．
④ 配置エントロピー ΔS_c のため，平衡状態ではある濃度の空孔が存在する．

なお，空孔濃度 $[V_x]$ は $[V_x]=n_0/(N_A+n_0)$ で示される．ここで，V_x は X サイトの空孔，$[V_x]$ は V_x の濃度である．

ΔH_v に比べ，$T\Delta S_v$ は非常に小さい場合がほとんどである．一般に，空孔などの内的要因に起因した欠陥の生成は，ΔH_v と T により決定される．

2.2.3 配置エントロピー(ΔS_c)

系において許される状態の数を w とし，配置エントロピー S_c は，Boltzmann

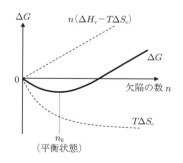

図 2.5　自由エネルギー ΔG と空孔数 n の関係

（ボルツマン）定数を k とすると，次式で示される．

$$S_c = k \ln w \tag{2.4}$$

完全結晶の w を $w_p(=1)$，空孔を含む結晶の w を w_i とすると，ΔS_c は次式となる．

$$\Delta S_c = k \ln w_i - k \ln w_p = k \ln \frac{w_i}{w_p} = k \ln w_i \tag{2.5}$$

ここで，w_i を計算する．$(N_A + n)$ 個のサイトに，N_A 個の原子と n 個の空孔を配置するときに許される状態の数 w_i は次式で示される．

$$w_i = \frac{(N_A + n)!}{N_A! n!} \tag{2.6}$$

Stirling（スターリング）の公式（$\ln N! = N \ln N - N$）を利用すると，ΔS_c は次式となる．

$$\Delta S_c = k[(N_A + n)\ln(N_A + n) - N_A \ln N_A - n \ln n] \tag{2.7}$$

2.2.4　平衡状態における空孔濃度 [V_x]

式(2.7)の ΔS_c を式(2.3)の ΔG に代入して，次式を得る．

$$\Delta G = n(\Delta H_v - T\Delta S_v) - kT[(N_A + n)\ln(N_A + n) - N_A \ln N_A - n \ln n] \tag{2.8}$$

平衡状態（$n = n_0$）では $(\partial \Delta G / \partial n)_{n=n_0} = 0$ であることを利用して，次式を得る．

$$\left(\frac{\partial \Delta G}{\partial n} \right)_{n=n_0} = \Delta H_v - T\Delta S_v + kT \ln \frac{n_0}{N_A + n_0} = 0 \tag{2.9}$$

したがって，平衡状態における空孔濃度 [V_x] は次式で示される．

$$[V_x] = \frac{n_0}{N_A + n_0} = \exp\left(\frac{\Delta S_v}{k} \right) \cdot \exp\left(-\frac{\Delta H_v}{kT} \right) \tag{2.10}$$

一方，次式で示される空孔生成の反応を，質量作用の法則を用いて表す．

$$X_x \longleftrightarrow V_x, \qquad K(T) = \frac{[V_x]}{[X_x]} = [V_x] \tag{2.11}$$

ここで，X_x は X サイトの X 原子，$K(T)$ は質量作用定数である．[X_x] は [V_x] に比べて非常に大きいため，$K(T)$ に影響を及ぼさない．したがって，[X_x]=1 となる．また一般に，$K(T)$ は温度のみに依存して，欠陥濃度には依存しない．式(2.10)と式(2.11)から，次式を得る．

$$K(T) = \exp\left(\frac{\Delta S_v}{k} \right) \cdot \exp\left(-\frac{\Delta H_v}{kT} \right) \tag{2.12}$$

$$K(T) = K' \cdot \exp\left(-\frac{\Delta H_\mathrm{v}}{kT}\right) \tag{2.13}$$

ここで，K' は質量作用定数の温度に依存しない定数である．

2.2.5 質量作用の法則を用いた欠陥生成反応の定式化

式(2.12)を一般的な欠陥生成反応に展開すると，次式になる．

$$K(T) = \exp\left(\frac{\Delta S_\mathrm{D}}{k}\right) \cdot \exp\left(-\frac{\Delta H_\mathrm{D}}{kT}\right) \tag{2.14}$$

ΔH_D は欠陥生成エンタルピー，ΔS_D は欠陥生成エントロピーである．これ以降，欠陥化学を議論するうえで，式(2.14)が出発点になる．

2.3 固溶体の化学

代表的な不定比酸化物である ZrO_2 と Ta_2O_5 を例に，欠陥化学に基づいた導電率の解析について説明する．

2.3.1 電子導電率 σ_el とイオン導電率 σ_ion

電荷担体 i の電荷を q_i，密度を c_i，移動度を μ_i とすると，電荷担体 i の導電率 σ_i は次式で示される．

$$\sigma_i = q_i c_i \mu_i \tag{2.15}$$

測定で得られた σ_i の温度依存性を，質量作用の法則から求めた c_i の理論式に基づいて解析することにより，欠陥生成エンタルピー ΔH_D を求めるのが常套手段となっている．固体の全導電率 σ_total は，各電荷担体の σ_i の和で表される．

$$\sigma_\mathrm{total} = \sum_i \sigma_i \tag{2.16}$$

一般に，酸化物の電荷担体は，陽イオン，陰イオン，電子とホールである．したがって，酸化物の σ_total は，電子導電率 σ_el（＝電子導電率 $\sigma_{e'}$ ＋ホール導電率 $\sigma_{h^\cdot}$）と全イオン導電率 σ_ion の和で表される．

$$\sigma_\mathrm{total} = \sigma_\mathrm{el} + \sigma_\mathrm{ion} = \sigma_{e'} + \sigma_{h^\cdot} + \sigma_\mathrm{ion} \tag{2.17}$$

電子伝導とイオン伝導がある**混合導電体**（伝導体）において，σ_ion は σ_el に比べて小さく，**イオン輸率** $\sigma_\mathrm{ion}/\sigma_\mathrm{total}$ は小さい．二次電池の電極のように陽イオン伝導

を目的に開発された材料を除いた遷移金属酸化物において，その電荷坦体は，電子，ホール，および酸化物イオン（O^{2-}）であると考えてよい．

2.3.2　ジルコニア（ZrO_2）における欠陥化学

ZrO_2（図 2.6 参照）は，室温から 1000℃で単斜晶系の結晶構造をとる．工業的には，構造の安定化と O^{2-} のイオン導電率（$\sigma_{O^{2-}}$）の増加のために，Zr サイトに Ca を 15％程度置換したジルコニア（もしくは，Zr サイトに Y を 8％程度置換したジルコニア）が，**酸素センサ**や**固体電解質**として実用化されている．ここでは，安定化ジルコニア（$Zr_{0.85}Ca_{0.15}O_{1.85}$）を例に，導電率と欠陥構造の関連について概説する．

ここで，一般的な解析方法を示す．

① 母結晶に含まれる不純物の情報（組成式など）から，主な欠陥構造を考える．
② 導電率の P_{O_2} 依存性（実験結果）から欠陥生成反応を推定する．
③ 質量作用の法則を用いて，欠陥濃度の P_{O_2} 依存性を求める．
④ 実験結果と合うものが，支配的な欠陥種であると考える．

上記の方法にしたがって，$Zr_{0.85}Ca_{0.15}O_{1.85}$ の欠陥化学を概説する．

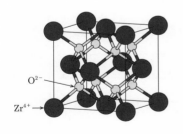 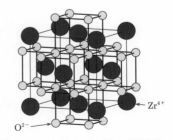

（a）　ZrO_2 の結晶構造（立方晶）　　（b）　ZrO_2 における O^{2-} イオン拡散経路

図 2.6　ジルコニア（ZrO_2）の（a）結晶構造と（b）O^{2-} イオンの拡散経路
立方晶の ZrO_2 において，O^{2-} サイトは正方格子を形成する．Zr^{4+} サイトに Y^{3+} や Ca^{2+} を置換すると，酸素空孔 $V_O^{\cdot\cdot}$ が生成する．$V_O^{\cdot\cdot}$ を介して，O^{2-} は格子中を高速に拡散するため，安定化ジルコニアは高い O^{2-} 導電率を示す．

① 組成から，主な欠陥種は Ca_{Zr}'' と $V_O^{\cdot\cdot}$ であることがわかる．Ca 置換による $V_O^{\cdot\cdot}$ の生成は次式で示される．

$$CaO \xrightarrow{ZrO_2} Ca_{Zr}'' + O_O^\times + V_O^{\cdot\cdot} \qquad (2.18)$$

ZrO_2 では，一つの Zr サイトに対して，二つの O サイトがある．ZrO_2 格子中に CaO が置換すると，Ca はイオン(Ca^{2+})として Zr^{4+} を置換する．サイトの保存および電荷中性条件を満足するために，$V_O^{\cdot\cdot}$ が生成することになる．**電荷中性条件**は次式で示される．

$$[Ca_{Zr}''] = [V_O^{\cdot\cdot}] \qquad (2.19)$$

ここで，各種欠陥の濃度は，[　]で示す．

② 図 2.7 の導電率 σ_{total} の P_{O_2} 依存性[4]から，以下のことが推定される．

・ $P_{O_2} > 10^{-26}$ atm：σ_{total} は一定→$\sigma_{O^{2-}}$ が支配的
・ $P_{O_2} < 10^{-26}$ atm：P_{O_2} 低下により σ_{total} は増加→$\sigma_{e'}$ が支配的

$P_{O_2} > 10^{-26}$ atm の領域では，$[V_O^{\cdot\cdot}]$ は P_{O_2} に依存せずほぼ一定値である．これは，$[V_O^{\cdot\cdot}]$ が，式(2.19)で示すように，不純物として導入した $[Ca_{Zr}'']$ により決定されるためである．P_{O_2} の低下に伴い，ジルコニアは還元され，$V_O^{\cdot\cdot}$ は増加する．しかし，還元により $V_O^{\cdot\cdot}$ が増加する濃度は $[Ca_{Zr}'']$ よりも数桁以上小さい．このため，事実上，式(2.19)が成立するため，P_{O_2} を変化させても

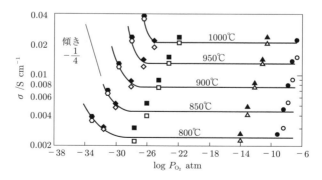

図 **2.7**　$Zr_{0.85}Ca_{0.15}O_{1.85}$ における導電率の P_{O_2} 依存性
J. W. Pattersona, E. C. Bogren, R. A. Rapp, Mixed Conduction in $Zr_{0.85}Ca_{0.15}O_{1.85}$ and $Th_{0.85}Y_{0.15}O_{1.925}$ Solid Electrolytes, *J. Electrochem. Soc.* **1967**, *114*, 72.

$\sigma_{O^{2-}}$ は一定値を示す.

　還元により $V_O^{\cdot\cdot}$ が生成する欠陥生成反応は次式で示される.

$$O_O^{\times} \quad \longleftrightarrow \quad V_O^{\cdot\cdot} + \frac{1}{2}O_2(g) + 2e' \tag{2.20}$$

O サイトでは,O^{2-} が脱離し,サイトが空になって $V_O^{\cdot\cdot}$ が形成される.O^{2-} は酸素ガス $1/2\,O_2(g)$ として系列に排出され,電荷中性条件を満足するために,格子中に自由電子 (e') が 2 個残る.

③ 式(2.20)の平衡定数を K_{Red} とすると,質量作用の法則を用いて,次式が得られる.

$$K_{Red} = \frac{[V_O^{\cdot\cdot}]P_{O_2}^{1/2}n^2}{[O_O^{\times}]} \tag{2.21}$$

式(2.21)を変形すると,電子濃度 n に関する次式を得る.

$$n = \left(\frac{K_{Red}}{[V_O^{\cdot\cdot}]}\right)^{1/2}P_{O_2}^{-1/4} \tag{2.22}$$

$[V_O^{\cdot\cdot}]$ と n の関係として,Ⅰ.$[V_O^{\cdot\cdot}] \gg n$,および,Ⅱ.$2[V_O^{\cdot\cdot}] \approx n$ が考えられる.安定化ジルコニアでは,強還元の P_{O_2} 領域を除いて,イオン輸率 $\sigma_{O^{2-}}/\sigma_{total}$ は 1 であることが実験的に確かめられている($\sigma_{total} = \sigma_{O^{2-}} + \sigma_{e'}$).したがって,まずはⅠ.$[V_O^{\cdot\cdot}] \gg n$ を考える.

Ⅰ.$[V_O^{\cdot\cdot}] \gg n$

　P_{O_2} が変化しても $[Ca_{Zr}''] = [V_O^{\cdot\cdot}]$ の関係式が成立する領域において,$[V_O^{\cdot\cdot}] \gg n$ となる.$[Ca_{Zr}''] = [V_O^{\cdot\cdot}]$ を式(2.22)に代入すると次式を得る.

$$n = \left(\frac{K_{Red}}{[Ca_{Zr}'']}\right)^{1/2}P_{O_2}^{-1/4} \tag{2.23}$$

この条件において,n は $P_{O_2}^{-1/4}$ に比例する($\log n = -1/4 \log P_{O_2} + \text{const.}$).$\log \sigma_e$-$\log P_{O_2}$ の図で,その傾きは $-1/4$ になる.

Ⅱ.$2[V_O^{\cdot\cdot}] \approx n$

　上記の Ⅰ.$[V_O^{\cdot\cdot}] \gg n$ 領域よりもさらに還元が進み,その電荷中性条件が $2[V_O^{\cdot\cdot}] \approx n$ となる場合を想定する.これは,試料作製時に導入した $[Ca_{Zr}'']$ よりも $[V_O^{\cdot\cdot}]$ が大きくなるケースに相当する($[Ca_{Zr}''] \ll [V_O^{\cdot\cdot}]$).$2[V_O^{\cdot\cdot}] = n$ を式(2.22)に代入すると次式を得る.

$$n = (2K_{Red})^{1/3}P_{O_2}^{-1/6} \tag{2.24}$$

この条件において,n は $P_{O_2}^{-1/6}$ に比例する($\log n = -1/6 \log P_{O_2} + \text{const.}$).

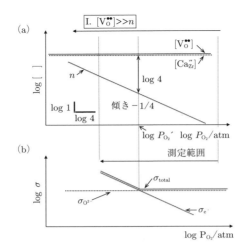

図 2.8 $Zr_{0.85}Ca_{0.15}O_{1.85}$ における (a) 各種欠陥濃度と,
(b) 導電率の P_{O_2} 依存性の模式図
σ_{total}, $\sigma_{O^{2-}}$ と $\sigma_{e'}$ の縦軸, 横軸ともに対数で
あることに留意されたい.

$\log \sigma_{e'} - \log P_{O_2}$ の図で, その傾きは $-1/6$ になる.

④ 図 2.8 に安定化ジルコニアにおける (a) 各種欠陥濃度と (b) 導電率の P_{O_2} 依存
性を示す. 縦軸, 横軸ともに対数になっていることに注意されたい. 図 2.7
の導電率 σ_{total} において, 低 P_{O_2} 側の傾きは, およそ $-1/4$ になっている. こ
の結果は, $\sigma_{\text{total}} \approx \sigma_{e'} \propto P_{O_2}{}^{-1/4}$ が成り立ち, その電子密度 n は式 (2.23) で与え
られることを示している. すなわち, すべての σ_{total} は I. $[V_O^{\bullet\bullet}] \gg n$ の領域で
測定されている. さらに P_{O_2} を低くすると, II. $2[V_O^{\bullet\bullet}] \approx n$ の領域に到達し,
$\sigma_{\text{total}} \approx \sigma_{e'} \propto P_{O_2}{}^{-1/6}$ となることが予想されるが, 図 2.7 ではこの領域は示され
ていない.

　安定化ジルコニアが利用されている温度・P_{O_2} 領域では, 図 2.8 (a) に示す
ように, I. $[V_O^{\bullet\bullet}] \gg n$ の濃度関係にある. この領域では, $[Ca_{Zr}''] = [V_O^{\bullet\bullet}] \ll n$
が成り立ち, n は $[Ca_{Zr}'']$ よりも桁で小さい. 還元に伴い, n は $P_{O_2}{}^{-1/4}$ に比例
して増加する.

　安定化ジルコニアにおいて, 800 ℃ における酸化物イオンと電子の μ_i はお
およそ $\mu_{O^{2-}} \approx 10^{-5}\,\mathrm{cm^2\,V^{-1}\,s}$ および $\mu_{e'} \approx 10^{-1}\,\mathrm{cm^2\,V^{-1}\,s}$ である. $\mu_{O^{2-}}$ は $\mu_{e'}$ よ

りも 4 桁程度小さい. このことは, $[V_O^{\cdot\cdot}]$ が n の 1 万倍程度 ($\log[V_O^{\cdot\cdot}]$ $\approx \log n + 4$) になる $P_{O_2} = P_{O_2}{'}$ (図 2.8(a)参照) において, $\sigma_{O^{2-}} \approx \sigma_{e'}$ となる. すなわち, $P_{O_2} \gg P_{O_2}{'}$ では $\sigma_{O^{2-}}$ が支配的となって, $\sigma_{total} \approx \sigma_{O^{2-}}$ で一定値を示す. $P_{O_2} \ll P_{O_2}{'}$ では $\sigma_{e'}$ が支配的となって, $\sigma_{total} \approx \sigma_{e'}$ であるため, σ_{total} は $P_{O_2}^{-1/4}$ に比例して増加する.

2.3.3 酸化タンタル(Ta_2O_5)における欠陥化学

Ta_2O_5 は大きな屈折率をもち, 高温耐久性に優れるため, 光学薄膜として実用化されている. 高温安定性に優れた Ta_2O_5 においても, 酸素の不定比性に起因して, その導電率は多彩な変化を示す. ここでは, Ta_2O_5 を例に, 遷移金属酸化物の欠陥化学を概説する.

Ta_2O_5 の結晶構造を図 2.9 に示す. 酸素が形成する八面体の中心に Ta が位置し, その八面体が頂点を共有して結晶を構成する. Ta_2O_5 における欠陥構造と導電性の特徴を示す.

- 酸素不足型の不定比性を示し, その組成は Ta_2O_{5-x} で表される.
- 低 P_{O_2} で n 型の電子伝導性が, 高 P_{O_2} で p 型の電子伝導性が現れる.
- Ta サイトに低価数不純物(アクセプタ)が置換している.

a. 欠陥構造

Ta_2O_5 の純度は, 高純度粉末であっても 99.99 % 程度である. Ta_2O_5 には, 除

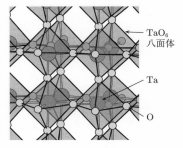

図 2.9 Ta_2O_5 の模式的な結晶構造
TaO_6 八面体が頂点を共有して結晶を形成している.

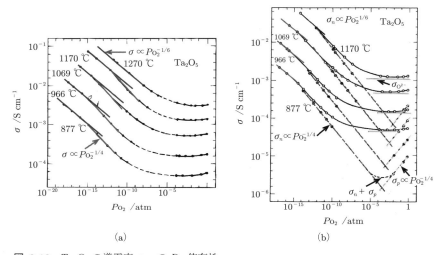

(a)   (b)

図 **2.10**　Ta$_2$O$_5$ の導電率 σ_{total} の P_{O_2} 依存性
O. Johannesen, P. Kofstad, The electrical conductivity of sintered specimens of
Ta$_2$O$_5$ with additions of foreign oxides, *Solid State Ionics* **1984**, *12*, 235-242.

去し切れていない低価数イオン(**アクセプタ**)が含まれている.ここでは,含有不
純物が A$_2$O$_3$ で近似できることに着目し,Ta$_2$O$_5$ の欠陥化学を展開する.低価数
イオンを A^{3+} とすると,A^{3+} の Ta^{5+} サイトへの置換は次式で示される.

$$A_2O_3 \xrightarrow{\text{Ta}_2\text{O}_5} 2A_{\text{Ta}}'' + 3O_O^\times + 2V_O^{\bullet\bullet} \tag{2.25}$$

Ta^{5+} サイトを A^{3+} が置換すると,**電荷中性条件を満足するために V$_O^{\bullet\bullet}$ が生成**
される.図 2.10 の実験結果[5]から,以下のことが予想される.

- 10^{-1} atm $< P_{\text{O}_2}$(図 2.11,Ⅲ の領域)
  σ_{total} は若干上昇 → $\sigma_{\text{O}^{2-}}$ に加えて $\sigma_{h^\bullet}$ が寄与
- 10^{-5} atm $< P_{\text{O}_2} < 10^{-1}$ atm
  σ_{total} はほぼ一定 → $\sigma_{\text{O}^{2-}}$ が支配的
- 10^{-13} atm $< P_{\text{O}_2} < 10^{-5}$ atm(図 2.11,Ⅰ の領域)
  P_{O_2} 低下により σ_{total} は若干増加 → $\sigma_{\text{O}^{2-}}$ に加えて $\sigma_{e'}$ が寄与
- $P_{\text{O}_2} < 10^{-13}$ atm(図 2.11,Ⅱ の領域)
  P_{O_2} 低下により σ_{total} は増加 → $\sigma_{e'}$ が支配的

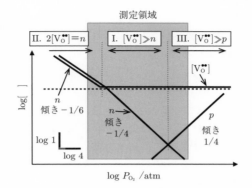

図 **2.11** Ta₂O₅ における各種欠陥濃度の P_{O_2} 依存性
図 2.10 におけるデータは四角で囲まれた
領域で測定されている.

b. 酸化領域と還元領域における欠陥濃度

（ⅰ）**還元領域** 2.3.2 項のジルコニアの場合と同様，還元により $V_O^{\bullet\bullet}$ が生成する反応は次式で示される.

$$O_O^\times \quad \longleftrightarrow \quad V_O^{\bullet\bullet} + \frac{1}{2}O_2 + 2e' \tag{2.26}$$

上式の平衡定数 K_{Red} は，質量作用の法則を用いると，次式となる.

$$K_{Red} = \frac{[V_O^{\bullet\bullet}]P_{O_2}^{1/2}n^2}{[O_O^\times]} \tag{2.27}$$

上式を変形すると，電子濃度 n に関する次式が得られる.

$$n = \left(\frac{K_{Red}}{[V_O^{\bullet\bullet}]}\right)^{1/2} P_{O_2}^{-1/4} \tag{2.28}$$

$[V_O^{\bullet\bullet}]$ と n の大小関係として，Ⅰ．$[V_O^{\bullet\bullet}] \gg n$ と Ⅱ．$2[V_O^{\bullet\bullet}] \approx n$ の 2 通りが考えられる.

Ⅰ．$[V_O^{\bullet\bullet}] \gg n$ の場合

P_{O_2} が変化しても $[V_O^{\bullet\bullet}]$ は一定となり，電荷中性条件は $[A_{Ta}''] = [V_O^{\bullet\bullet}]$ で示される．$[A_{Ta}''] = [V_O^{\bullet\bullet}]$ を式 (2.28) に代入すると次式を得る.

$$n = \left(\frac{K_{Red}}{[A_{Ta}'']}\right)^{1/2} P_{O_2}^{-1/4} \tag{2.29}$$

この条件において，n は $P_{O_2}^{-1/4}$ に比例する（$\log n = -1/4 \log P_{O_2} + \mathrm{const.}$）．$\log \sigma_{e'}$-$\log P_{O_2}$ の図で，その傾きは $-1/4$ になる．

Ⅱ. $2[V_O^{\cdot\cdot}] \approx n$ の場合

P_{O_2} が低下すると，$[V_O^{\cdot\cdot}]$ と n がともに増加し，その電荷中性条件は $2[V_O^{\cdot\cdot}] = n$ で示される．$2[V_O^{\cdot\cdot}] = n$ を式(2.28)に代入すると次式を得る．

$$n = (2K_{\mathrm{Red}})^{1/3} P_{O_2}^{-1/6} \tag{2.30}$$

この条件において，n は $P_{O_2}^{-1/6}$ に比例する（$\log n = -1/6 \log P_{O_2} + \mathrm{const.}$）．$\log \sigma_{e'}$-$\log P_{O_2}$ の図で，その傾きは $-1/6$ になる．

（ⅱ）酸化領域   酸化により $V_O^{\cdot\cdot}$ に O^{2-} が入る反応は次式で示される．

$$V_O^{\cdot\cdot} + 1/2\,O_2 \quad \longleftrightarrow \quad O_O^{\times} + 2h^{\cdot} \tag{2.31}$$

この平衡定数 K_{Ox} は，質量作用の法則を用いると，次式になる．

$$K_{\mathrm{Ox}} = \frac{[O_O^{\times}]p^2}{[V_O^{\cdot\cdot}]P_{O_2}^{1/2}} \tag{2.32}$$

上式を変形すると，ホール濃度 p に関する次式が得られる．

$$p = (K_{\mathrm{Ox}}[V_O^{\cdot\cdot}])^{1/2} P_{O_2}^{1/4} \tag{2.33}$$

$[V_O^{\cdot\cdot}]$ と p の大小関係として，Ⅲ. $[V_O^{\cdot\cdot}] \gg p$ とⅣ. $[V_O^{\cdot\cdot}] \ll p$ の2通りが考えられるが，実験ではⅢ. $[V_O^{\cdot\cdot}] \gg p$ のみが観測されている．

Ⅲ. $[V_O^{\cdot\cdot}] \gg p$ の場合

P_{O_2} が変化しても $[V_O^{\cdot\cdot}]$ は一定となり，電荷中性条件は $[A_{\mathrm{Ta}}''] = [V_O^{\cdot\cdot}]$ で示される．$[A_{\mathrm{Ta}}''] = [V_O^{\cdot\cdot}]$ を式(2.33)に代入すると次式を得る．

$$p = (K_{\mathrm{Ox}}[A_{\mathrm{Ta}}''])^{1/2} P_{O_2}^{1/4} \tag{2.34}$$

この条件において，p は $P_{O_2}^{1/4}$ に比例する（$\log n = 1/4 \log P_{O_2} + \mathrm{const.}$）．$\log \sigma_{h^{\cdot}}$-$\log P_{O_2}$ の図で，その傾きは $1/4$ になる．

c. 欠陥濃度の P_{O_2} 依存性

図 2.10 に示す導電率 σ_{total} の P_{O_2} 依存性において，強還元側で $\sigma_{\mathrm{total}} \propto P_{O_2}^{-1/6}$ が観測されている．この領域はⅡ. $2[V_O^{\cdot\cdot}] \approx n$ に相当する（図 2.11 参照）．すなわち，電荷中性条件は $2[V_O^{\cdot\cdot}] \approx n$ となり，還元すると $[V_O^{\cdot\cdot}]$ および n ともに $P_{O_2}^{-1/6}$ に比例して増加する．$\sigma_{\mathrm{total}} \approx \sigma_{e'}$ であるため，σ_{total} は $P^{-1/6}_{O_2}$ に比例して増加する．

Ⅱ. よりも高 P_{O_2} 側において，$\sigma_{\mathrm{total}} \propto P_{O_2}^{-1/4}$ が観測されている．この領域はⅠ. $[V_O^{\cdot\cdot}] \gg n$ に該当し，その電荷中性条件は $[A_{\mathrm{Ta}}''] = [V_O^{\cdot\cdot}]$ で表される．還元す

ると $[V_O^{\cdot\cdot}]$ は増加するが,その増加量は $[A_{Ta}'']$ よりも桁で小さい.一方,式 (2.29) で示すように,n は $P_{O_2}^{-1/4}$ に比例する.この領域では,依然として $\sigma_{total} \approx \sigma_{e'}$ であるため,σ_{total} は $P_{O_2}^{-1/4}$ に比例する.

I.よりも高 P_{O_2} 側において,$\sigma_{total} \propto P_{O_2}^{1/4}$ が観測されている.この領域はⅢ. $[V_O^{\cdot\cdot}] \gg p$ に該当し,その電荷中性条件は $[A_{Ta}''] = [V_O^{\cdot\cdot}]$ で表される.酸化すると $[V_O^{\cdot\cdot}]$ は減少するが,その減少は $[A_{Ta}'']$ よりも桁で小さい.式(2.33)で示すように,p は $P_{O_2}^{1/4}$ に比例する.この領域では,$\sigma_{total} \approx \sigma_{h^{\cdot}}$ であるため,σ_{total} は $P_{O_2}^{1/4}$ に比例する.

Ⅱ.とⅢ.の境界付近の P_{O_2} 領域において,σ_{total} が $n \propto P_{O_2}^{-1/4}$ と $p \propto P_{O_2}^{1/4}$ から予想される直線から大きくずれて桁で大きくなっている.この領域では,電子的キャリアである n と p が拮抗して,それらの濃度が非常に小さくなる.この結果,支配的キャリアが O^{2-} となって,酸化物イオン伝導が支配的($\sigma_{total} \propto \sigma_{O^{2-}}$)となる.この領域における導電性のデータから,酸化物イオン伝導における見かけの活性化エネルギー(E_A)が求まる.$\sigma_{O^{2-}}$ を示す金属酸化物において,E_A は 0.8〜1 eV 程度となることが多い.このエネルギーは,O^{2-} がサイト間を移動するのに必要なエネルギーの尺度となる.E_A は,イオン伝導のメカニズムを議論するうえで,重要な物性値である.

2.4 格子欠陥の動力学と拡散論[3]

固体内における原子や分子の**拡散**は,物質の合成,ガスのモニタリングをするセンサ,半導体デバイスの作製等の分野で利用されている現象である.拡散は,構成原子が一定の移動度をもつ状態で,原子の濃度に勾配がある場合に生じる.拡散の進行は,格子欠陥の生成,消滅,移動を伴う.たとえば,100 円硬貨に使用されている白銅(ニッケルと銅の合金)を考える.ニッケル(Ni)粉末と銅(Cu)粉末を混合すると,粉末の界面では,図 2.12(a)のように,Ni と Cu の原子が接触した界面が生成するであろう.常温で放置しても,拡散は起こらない.600℃から 700℃程度まで加熱すると,Ni と Cu が相互に拡散し始める(図 2.12(b)).このように,固体内で生じる拡散を**固相拡散**とよぶ.1200℃以上の高温になると,融解し液体状態になるため,Ni と Cu の拡散は一気に進行し,原子レベルで均一な合金が得られる.ここでは,巨視的な拡散を記述する Fick の法則について概説する.

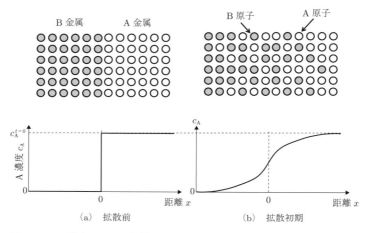

図 2.12 固体内における拡散の模式図
A 金属と B 金属の界面における(a)拡散前および(b)拡散初期の
原子分布.下部はそれぞれにおける A の濃度分布を示している.

2.4.1 Fick の第一法則

A 金属粉末と B 金属粉末を混ぜて,合金 AB を得たいとする.固相拡散は,
A と B が接触している界面(図 2.12(a))から,その濃度勾配を減少させる方向に
進行する.B 金属中に A 原子が,A 金属中に B 原子が流れ込む(図 2.12(b)).そ
して,十分に長い時間をかけて高温でアニールすると,A と B は均一に混ざっ
て,正味の原子の流れはなくなる.このような拡散が起こる系における原子の流
速は,次に示す Fick の第一法則で表される.

$$J_i = -D_i\left(\frac{\partial c_i}{\partial x}\right)_t \tag{2.35}$$

ここでは,yz 平面を横切って原子 i が x 軸に沿って拡散する状況を考えている.
x 軸方向の原子 i の流速 J_i は,その濃度 c_i の勾配 $\partial c_i/\partial x$ に比例し,その比例定
数が**拡散係数** D_i である.濃度勾配 $\partial c_i/\partial x$ は,時間 t とともに変化する.濃度勾
配がなくなり($\partial c_i/\partial x = 0$),A と B が均一に混ざれば,流速 J_i は 0 になる.原
子の量をモル単位で表記すると,それぞれは $J[\mathrm{mol\,cm^{-2}\,s^{-1}}]$,$D[\mathrm{cm^2\,s^{-1}}]$,
$c[\mathrm{mol\,cm^{-3}}]$ で表される.

2.4.2　Fick の第二法則

　原子の濃度が時間とともに変化する系の濃度分布に関する Fick の第二法則を導出する．ここで，単位断面積（1 cm²）をもつ x 軸方向に長い棒を考える（図 2.13 参照）．x 軸に沿って微小厚さ Δx をもつ微小体積 $\Delta v (= 1 \cdot \Delta x)$ において，一方の面から流入する流速を J_1，他方の面から出て行く流速を J_2 とする．Δx が十分に小さければ，J_1 と J_2 の関係を表す近似式が得られる．

$$J_1 = J_2 - \Delta x \, \frac{\partial J}{\partial x} \tag{2.36}$$

単位時間内に，Δv に流入する物質量 $\langle J_1 \rangle$ と流出する物質量 $\langle J_2 \rangle$ は異なるため，Δv の内部の物質濃度は，時間とともに変化する．Δv における正味の物質の増加は，次式で与えられる．

$$\langle J_1 - J_2 \rangle = \Delta x \frac{\partial c}{\partial t} = -\Delta x \frac{\partial J}{\partial x} \tag{2.37}$$

式（2.35）で示した Fick の第一法則は，いかなる場合にも成立するので，式（2.37）に代入すると，拡散における Fick の第二法則である次式を得る．

$$\frac{\partial c}{\partial t} = \frac{\partial}{\partial x}\left(D \frac{\partial c}{\partial x} \right) \tag{2.38}$$

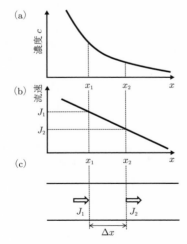

図 2.13　単位断面積（1 cm²）をもつ x 軸方向
　　　　に長い棒における拡散
　　　　(a) 仮定した濃度分布 $c(x)$,
　　　　(b) 流速 J の分布,
　　　　(c) 微小体積 $\Delta v (= 1 \cdot \Delta x)$ における
　　　　流入 J_1 と流出 J_2.

この 1 次元の拡散方程式を 3 次元に拡張すると，連続方程式とよばれる次式を得る．

$$\frac{\partial c}{\partial t} = -\nabla \boldsymbol{J} \tag{2.39}$$

2.4.3　Fick の第二法則の解

a.　薄膜拡散源における解

拡散係数 D が濃度に依存せず一定である系において，式(2.38)は次式で示される．

$$\frac{\partial c}{\partial t} = D\frac{\partial^2 c}{\partial x^2} \tag{2.40}$$

ここでは，拡散の初期の過程における濃度 $c(x, t)$ の記述に有効な解を紹介する．

B 原子でできた長い棒状試料の一端に，A 金属薄膜を単位面積あたり α [mol cm^{-2}] だけ堆積させ，同じ B の棒状試料で挟んだ系（図 2.14(a)）を考える．時間 t の間だけ拡散が起こるようにある温度でアニールしたとする．棒状試料の x 軸方向の $c(x, t)$ は，次式で与えられる．

$$c(x, t) = \frac{\alpha}{2\sqrt{\pi Dt}} \exp\left(-\frac{x^2}{4Dt}\right) \tag{2.41}$$

この式は，式(2.40)の解の一つになっていることを確かめられたい．この解の特

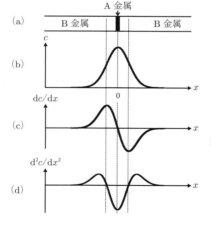

図 **2.14**　A 金属薄膜を B 金属棒で挟んだ試料における拡散
(a)試料の模式図，
(b)A の濃度分布 $c(x)$，
(c)流速 J に比例する dc/dx，
(d)A の蓄積速度に比例する d^2c/dx^2.

徴を図 2.14 に示す．この図は，ある程度時間が経過 $(t=t')$ して，拡散が進行した状態における $c(x)$ をプロットしてある．拡散の進行に伴い，$c(x)$ は広がっていく．一方，A 金属の全量は $\alpha\,[\mathrm{mol\,cm^{-2}}]$ で一定であるので，$c(x)$ 曲線の面積は一定に保たれる．$c(x=0)$ は $1/\sqrt{t}$ に比例して減少する．また，c が $c(x=0)/e$ になる距離 x は $\sqrt{t}$ に比例し，$x=2\sqrt{Dt}$ で与えられる．これは，$c(x,t)$ の exp の中 $(-x^2/(4Dt))$ が -1 に一致する場合に相当する．

図 2.14 (c) に dc/dx（流速 J に比例）の x 依存性を示す．J は $x=0$ および x が正または負の大きな場所においては 0 になっている．図 2.14 (d) に d^2c/dx^2 の x 依存性を示す．d^2c/dx^2 は位置 x における A の蓄積速度に比例している．これは，A の蓄積速度が $c(x)$ の曲率に比例していることと等価である．$x=0$ 付近の $c(x)$ 曲線が上に凸の領域では，A が失われつつある．一方，その外側の $c(x)$ 曲線が下に凸の領域では，A が増加しつつある．

b. 二つの半無限固体を接したときの解

図 2.15 (a) のように A 金属と B 金属を接合した試料における拡散を考える．その初期の A の濃度分布 $c(x)$ を図 2.15 (b) に示す．$c(x)$ は，$t=0$ で $c=c_{\mathrm{A}}^{t=0}=c'$ $(x>0)$ および $c=0\,(x<0)$ である．このような系における拡散方程式の解 $c(x,t)$ を求めてみよう．$x>0$ の領域は，単位断面積で微小厚さ $\Delta\alpha$ をもつ微小薄片（体積 $\Delta v=1\cdot\Delta\alpha$）が n 個積層して構成されていると考える．

ある一つの薄片についてみると，この薄片は最初 $c'\Delta\alpha$ だけの A をもつ．もし，この薄片の周囲が，最初は A をまったく含んでいないとすれば，少し拡散が起こった後の濃度分布は，"a. 薄膜拡散源における解" である式 (2.41) と同じになる．実際は，隣接する薄片には A が含まれている．このような状況においても，個々の薄片における濃度分布は式 (2.41) で与えられ，これらを重ね合わせた濃度分布が，実際の解 $c(x,t)$ になるとみなせる．i 番目の薄片の中心から $x=0$ までの距離を α_i とすると，t 時間後の任意の位置 x における濃度は次式で与えられる．

$$c(x,t) \approx \frac{c'}{2\sqrt{\pi Dt}} \sum_{i=1}^{n} \exp\left[-\frac{(x-\alpha_i)^2}{4Dt}\right]\Delta\alpha_i \tag{2.42}$$

図 2.15 (c) は，指数関数の重ね合わせにより，実際の解 $c(x,t)$ が得られることを示している．n が無限大となる極限では $\Delta\alpha_i$ は 0 になり，次式の積分で置き換えられる．

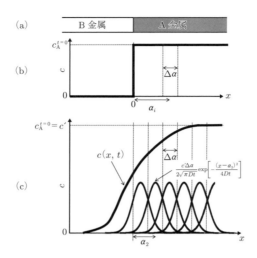

図 **2.15**　A 金属と B 金属を接合した試料における拡散
(a)試料の模式図，(b)拡散前の A の濃度分布 $c(x)$,
(c) t 時間後の濃度分布 $c(x, t)$. $c(x, t)$ は $\Delta \alpha$ の
各々の微小薄片から外へ拡散した A の濃度を示す
指数関数をすべて足し合わせたものに対応する.

$$c(x, t) = \frac{c'}{2\sqrt{\pi Dt}} \int_0^\infty \exp\left[-\frac{(x-\alpha)^2}{4Dt}\right] \mathrm{d}\alpha \tag{2.43}$$

ここで，$\eta = (x-\alpha)/2\sqrt{Dt}$ とおくと，$c(x, t)$ は次式で示される.

$$c(x, t) = \frac{c'}{\sqrt{\pi}} \int_{-\infty}^{x/2\sqrt{Dt}} \exp(-\eta^2)\mathrm{d}\eta \tag{2.44}$$

この積分は，初期の溶質源が広範囲に広がっているときや，**拡散距離** $2\sqrt{Dt}$ が系
の長さに比べて小さい場合に，一般に見受けられるものである.　この積分を解析
的に解くのは困難であるが，積分値は表として準備されている.　この $c(x, t)$ の
計算に利用される関数は**誤差関数**とよばれ，次式で定義される.

$$\mathrm{erf}(z) = \frac{2}{\sqrt{\pi}} \int_0^z \exp(-\eta^2)\mathrm{d}\eta \tag{2.45}$$

誤差関数は，$\mathrm{erf}(\infty) = 1$ でかつ $\mathrm{erf}(-z) = -\mathrm{erf}(z)$ という性質をもつ.　これを用
いると，$c(x, t)$ は次式で示される(図 2.15(c)参照).

$$c(x,t) = \frac{c'}{2}\left[1 + \mathrm{erf}(\frac{x}{2\sqrt{Dt}})\right] \tag{2.46}$$

この式は，$z = x/2\sqrt{Dt}$ が与えられると，c/c' が一義的に決まることを意味している．たとえば，$z=1$ では $c/c' = 0.92$ となる．このことは，組成 c が $0.92c'$ となるような位置は，$x = 2\sqrt{Dt}$ で与えられることを示す．さらに考察を進めると，一定の組成をもつ位置 x は $\sqrt{Dt}$ に比例する速さで $x=0$ から遠ざかることがわかる．ただし，$x=0$ では $c = c'/2$ の一定値であることに留意されたい．

2.4.4 拡散距離に関する一般的な考え方

さまざまな系における拡散で，拡散距離の式に $\sqrt{Dt}$ が出てくる．「拡散距離は $\sqrt{Dt}$ に比例する」と覚えておくと，便利なことが多い．ここでは，酸化物セラミックスにおける酸素の拡散を例に説明する．一般に，試料全体の大きさは 1〜10 mm 程度であるのに対し，結晶粒子は 1〜10 μm 程度である．セラミックスの密度が十分に高く，結晶粒子の間の穴が試料全体でつながっていない場合には，酸素の拡散距離は試料サイズの mm オーダーになる．一方，その密度が小さく，粒子間の穴が試料表面から裏面までつながっているような場合には，酸素の拡散距離は粒子サイズの μm オーダーとなる．このように，セラミックスの密度が異なると，拡散距離のオーダーが 3 桁も異なることになる．このようなケースは，化学の分野では少なくない．

材料をつくりその動的な物性を考察するうえで，たいていは桁で異なる拡散距離を念頭に置く．したがって，拡散距離は $\sqrt{Dt}$ に比例すると考えて差し支えない．

2.5　結晶における線状欠陥：転位

さまざまな分野で金属や合金が利用されている理由の一つに，加工のしやすさがあげられる．原子どうしの結合力からは，金属のせん断には $10^9 \sim 10^{10}$ GPa の巨大な力を要すると予想される．しかし，実際にはその 1/1000 程度の力で金属は変形する．このような金属の柔らかさには，**転位**が重要な役割を果たしている．結晶における格子欠陥の中で，転位は線状の結晶欠陥に分類される（図 2.16 参照）．外力による原子の再配置によって，転位が移動し材料が変形する．この

ように，金属は破壊せずに形を変える塑性変形を起こす．

　転位には，**刃状転位**，**らせん転位**，この二つが混在した混合転位がある．ここでは，刃状転位とらせん転位について概説する．

2.5.1 刃 状 転 位

　図 2.16 に刃状転位を示す．図 2.16(a) のすべり面の下部の結晶に対して，上部の結晶はすべり面まで原子がある結晶面(余分な結晶面)を 1 枚多くもっている．刃状転位は，その特徴である余分な結晶面の終端に⊥の矢印で表される．図 2.16 (b) に示すように，刃状転位は A から B まで結晶を貫通するという特徴をもつ．A と B を結ぶ直線は転位線とよばれる．

　金属にせん断応力が加わったときの転位の動きを考えよう(図 2.16(a) 参照)．すべり面の上半分は右に押されるのに対し，下半分は左に押される．結合 3-7 が切れて，新しい結合 2-7 を形成する．この原子間の結合の切断と新しい結合の形成により，余分な原子面の端は，2 から 3 に移動する．結合の切断および形成が繰り返されて，転位は右方向に移動する．最終的には，余分な原子面が結晶の右部にせり出して転位が消滅し，結晶が変形する．転位の移動はすべりとよばれ，転位が移動する面がすべり面となる．

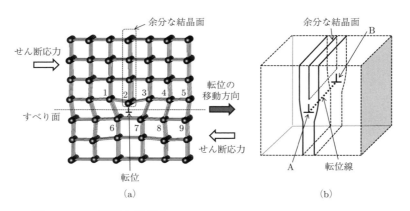

図 2.16　刃状転位の模式図
　　　　(a)刃状転位付近の原子分布と結合状態，(b)刃状転位が試料の
　　　　表面 A から裏面 B に貫通し転位線が形成されている様子．

2.5.2　ら せ ん 転 位

　図2.17にらせん転位の模式図を示す．せん断応力を印加して，部分的に原子面がすべっている状況を考える．ここでは，図前方では，原子面がすべっているが，図後部ではすべっていない．線SS′は転位線である．図2.18に，せん断応力により原子面がすべる過程を示す．らせん転位は，結晶前面から導入される（図2.18(a)）．初期には結晶の前面の近くにあった転位線SS′は，原子面のすべりとともに徐々に結晶中心部に移動する（図2.18(b)）．最終的には，転位線SS′が結晶後方面に到達し消滅して，結晶が変形する（図2.18(c)）．

　ここで，転位の周りの原子が形成する回路54321（図2.17(a)）を考える．結晶の右面のS（図2.17(b)）では，5→4→3→2→1と回路を経ると，原子面が1面だけ内側にずれる．同様な原子の移動を繰り返すと，まるで"らせん"階段を駆け上がるようにして，結晶の左面のS′に到達する．これが，らせん転位の言葉の由来である．

　らせん転位の移動は，刃状転位と同様に，一部の原子の結合を切断し，新しい結合が生成することにより起こる．図2.17(a)では，原子2-5間の結合が切れて，原子2-1間の結合が新たに生成した状況が示されている．原子間の結合が切れて

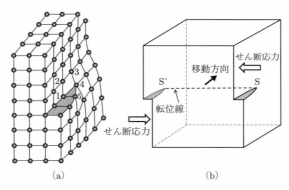

(a)　　　　　　　　　　　　(b)

図 2.17　らせん転位の模式図
　　　　　(a)らせん転位付近の原子分布と結合状態,
　　　　　(b)らせん転位が試料の右面Sから左面S′
　　　　　に貫通し転位線が形成されている様子.

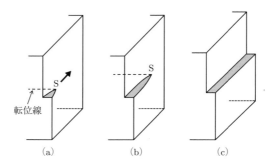

図 2.18 せん断応力によりらせん転位が移動する過程
(a)らせん転位が試料の前面から形成された後
の初期, (b)原子面がすべって, らせん転位が
試料中心部にある中期, (c)らせん転位が試料
の裏面に到達して消失し, 試料が変形した後.

いない原子 3 と 4 で, らせん転位が止まっている. 原子 3-4 間の結合が切れる
と, 転位線 SS′ は原子 1 個分だけ前進する. 原子間の結合の切断と生成を繰り返
すことにより, 転位線 SS′ は前進し, 結晶が変形する.

3 固体機能材料の物性と創製

3.1 導 電 性

物質の電気伝導性は，次式の**導電率**(**電気伝導率**，電気伝導度)$\sigma[\mathrm{S\,m^{-1}}]$によって表される．

$$J = \sigma E \tag{3.1}$$

ここで，$E[\mathrm{V\,m^{-1}}]$は電界，$J[\mathrm{A\,m^{-2}}]$は電流密度である(E，Jは本来ベクトル量)．導電率は，超伝導体を除いても，絶縁体(たとえば石英で$10^{-15}\,\mathrm{S\,m^{-1}}$)から金属($\sim 10^{7}\,\mathrm{S\,m^{-1}}$)まで20桁以上の広い範囲に及ぶ．また，電気伝導は各種の導電キャリア(電子，正孔(ホール)，イオン)により発現するが，それぞれの導電率σ_iは，$n_i\,q_i\,\mu_i$(n_i：i種のキャリア濃度，q_i：キャリアの電荷(絶対値)，μ_i：移動度)で表され，全導電率はそれらの和となる．3.1.1項ではキャリアが電子，正孔である電子伝導性について，3.1.2項ではキャリアがイオンであるイオン伝導性について扱う．

3.1.1 電 子 伝 導 性

a. エネルギーバンド構造と導電性

固体の電子伝導は，エネルギーバンド構造と，その構造で電子がどのような準位にどの程度存在するかによってほぼ定まる．電子はエネルギーの低い軌道から配置されていき，電子が満たされたバンド(占有軌道からなるバンド)で最も高いエネルギー位置にあるものを**価電子帯**，その上位の空あるいは一部のみ電子で占められたバンドを**伝導帯**とよぶ．その間の軌道がない領域が**禁制帯**であり，そのエネルギー幅を**バンドギャップ**とよぶ．

あるエネルギー E をもつ電子の数 n は，そこに電子が存在できる状態の数(状態密度)$N(E)$ と存在確率の積で決まる．この確率は **Fermi-Dirac**(フェルミ・ディラック)**関数** $f(E)$ で与えられる．エネルギーが E_1 から E_2 の範囲に存在する電子の数 n は次式となる．

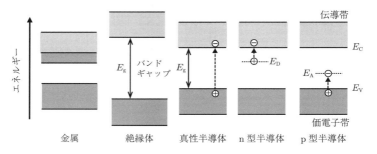

図 **3.1**　金属，絶縁体，半導体のバンド構造

$$n = \int_{E_1}^{E_2} f(E) N(E) \mathrm{d}E \tag{3.2}$$

$$f(E) = \frac{1}{1 + e^{(E-E_F)/kT}} \tag{3.3}$$

ここで，E_F は **Fermi 準位**（電子の存在確率が 1/2 となるエネルギー．$E = E_F$ の
とき，$f(E) = 1/2$ となる），k は Boltzmann 定数，T は絶対温度である．また，
状態密度 $N(E)$ は構成する原子の電子軌道と結晶構造から定まる分子軌道に
よって決まるが，最近では各種の方法により定量的な推定が可能になっている．

　絶縁体，半導体，金属のバンド構造は図 3.1 で示される．電子伝導性は，伝導
帯にある電子，および価電子帯にある正孔が担う．金属ではバンドの幅が広く，
伝導帯が部分的に電子で占められた状態にある．そのため，電子の移動が容易で
あり高い電子伝導性を示す．結晶中の格子欠陥や不純物が存在すると**不純物準位**
が生じ，それがバンドギャップ中にある場合，電気伝導に大きな影響を及ぼす．
絶縁体や半導体では，熱や光のエネルギーにより価電子帯あるいは不純物準位か
ら伝導帯へ励起された電子，あるいは伝導帯や不純物準位への励起のため価電子
帯に生じた正孔がキャリアとなり，電子伝導性が生じる．絶縁体は，それらの励
起に大きなエネルギーを必要とし，通常の温度ではキャリア濃度が低いものであ
る．半導体は電子励起に必要なエネルギーが比較的小さいものであり，バンド
ギャップ間の励起により生じた電子・正孔によるものを**真性半導体**，不純物準位
から励起した電子によるものを **n 型半導体**，不純物準位への電子励起で生じた
正孔によるものを **p 型半導体**とよぶ．電子を放出する欠陥・不純物がドナー，
電子を受け取る欠陥・不純物がアクセプタである．

　真性半導体の**伝導電子濃度** n は，伝導帯 $(E \geqq E_c)$ 中の有効状態密度 N_c と存在確率 $f(E)$ の積から，次式で示される.

$$n = N_c \frac{1}{1 + e^{(E_c - E_F)/kT}} \approx N_c \exp\left(\frac{E_F - E_c}{kT}\right) \tag{3.4}$$

ここで，N_c は伝導帯の有効状態密度，E_c は伝導帯下端のエネルギーである(実際には伝導帯の電子はエネルギー分布をもつが，伝導帯下端の位置で扱っている). 同様に正孔濃度は，N_v を価電子帯の有効状態密度，E_v を価電子帯上端のエネルギーとして，次式となる.

$$p = N_v (1 - f(E_v)) \approx N_v \exp\left(\frac{E_v - E_F}{kT}\right) \tag{3.5}$$

真性半導体では電子，正孔が対として生成するので，$n = p$ である. それより，式(3.4),(3.5)から，

$$n = p = \sqrt{N_c N_v} \exp\left(\frac{-E_g}{2kT}\right) \tag{3.6}$$

となる. E_g はバンドギャップのエネルギー $E_c - E_v$ である. 真性半導体の N_c, $f(E)$ とキャリア濃度の分布の関係を図3.2に示す. Fermi 準位は，主なキャリアが生じる電子励起のもとの準位と励起された準位の中間の領域にあり，真性半導体ならばバンドギャップの中央付近にあることが多い.

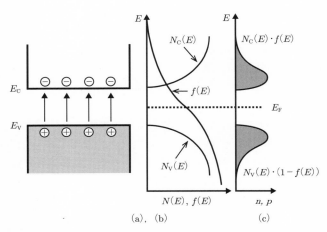

図 **3.2** 　(a)真性半導体の状態密度，(b)Fermi-Dirac 関数，(c)キャリア濃度の分布

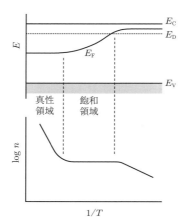

図 **3.3**　n 型半導体の電子濃度の温度依存性
上部は Fermi 準位位置の温度による変化.

　n 型半導体でドナー準位 E_D から励起した電子による伝導が支配的な場合，N_D を有効ドナー濃度とすると，伝導電子濃度 n は次式となる.

$$n = \sqrt{\frac{N_C N_D}{2}} \exp\left(-\frac{E_C - E_D}{2kT}\right) \tag{3.7}$$

ただし，n 型半導体でも温度が高くなると，ドナー準位の電子がすべて励起された出払い領域（n が温度によらず一定）を経て，真性半導体の領域となる. n 型半導体の電子濃度の温度依存性を図 3.3 に示す.

　移動度（あるいは易動度）は，電子あるいは正孔の単位電界あたりの移動の平均速度を示すものであり，$\mu = e\tau/m^*$ で表される. ここで，τ は時間とともに減衰する緩和時間，m^* は有効質量である. 移動度の大きさは，キャリアが移動する過程でどのように散乱されるかによって決まる. 散乱させるものには，格子欠陥，フォノン，不純物などがあるが，広いバンド内を移動する場合はおよそ $10 \sim 10^4\ \mathrm{cm^2\,V^{-1}\,s^{-1}}$ の値になる. 散乱機構によりその温度依存性は異なるが，キャリア濃度と比べると依存性ははるかに小さい. 一方，金属では電子濃度は温度が上昇してもほとんど変化しないが，電子移動の際の散乱が大きくなるため，導電率は温度上昇に伴ってわずかに減少する. また，電界がなくてもキャリア濃度が場所により変わる場合にはキャリアの移動が生じる. この場合は 3.1.2 項 a.

で説明されるように,電子の拡散係数 D_e と関連付けた移動度 $\mu = eD_e/kT$ で示される.

b. 電子伝導性材料

イオン結晶では,価電子帯は陰イオンの原子軌道(3s など)で,伝導帯は陽イオンの軌道(3p など)で形成されることが多い.典型元素の化合物では一般にバンドギャップが数 eV 以上と大きく,純粋な物質ではほとんどが絶縁体である.一方,共有結合性の結晶では sp³ 混成軌道をもつものが多く,価電子帯は結合性混成軌道で,伝導帯は反結合性混成軌道で形成される.原子番号が増えるにつれて両軌道の分裂の間隔が小さくなる,すなわちバンドギャップが小さくなる傾向がある.また,2 元素化合物ではイオン結合性の寄与が大きいほどバンドギャップが大きくなる.イオン結合性は両元素の電気陰性度の差で示されるので,この値は,同周期の元素間の化合物など類似の電子構造をもつ化合物間のバンドギャップの比較などに有効な指標となる.たとえば,Ge,GaAs,ZnSe,CuBr では順に,0,1.9,3.8,5.6 eV と大きくなる.

d 軌道の準位が部分的に電子で占められている遷移金属の酸化物は,絶縁性から金属的導電性までの多様な電子物性を示す.遷移金属の d 軌道は酸素の 2p 軌道との相互作用によりさまざまなバンドの広がりが生じる.TiO では Ti の 3d 軌道が,また ReO₃ では Re の 5d 軌道が,酸素の 2p 軌道により幅広いバンドを形成している.それらは部分的に電子で占められており,金属的導電性を示す.しかし,MnO は遷移金属酸化物であるが金属的導電性を示さない.これは,d 軌道の重なりが小さく形成されるバンドが狭くなっており,電子が局在化するためである.

通常,高導電性と透明性は相反する性質であり両立しない.しかし,Sn ドープ In₂O₃(ITO)や Sb ドープ SnO₂ などでは低い抵抗率($10^{-3} \sim 10^{-4}\,\Omega\,\mathrm{cm}$)と透明性(可視光透過率約 80 % 以上)をもち,太陽電池用やディスプレイ用の透明電極に用いられている.これらの酸化物は何れも n 型半導体で,3 eV 以上のバンドギャップをもつため,光吸収は 350〜400 nm よりも短波長の紫外領域でのみ生じ,可視光領域では透明となる.添加物により電子濃度が $10^{18}\,\mathrm{cm}^{-3}$ 程度よりも高くなると Fermi 準位が伝導帯に達し,縮退とよばれる状態になる.伝導帯は金属原子の s 軌道で構成されており空間的に等方的に広がっているために,電子の移動度も大きい.このため,金属に近い高い導電性を示すようになる.

　Inは希少金属であるため，新たな**透明導電体**の開発が活発に行われている．Alあるいは Ga ドープ ZnO，層状構造の InGaO$_3$(ZnO)$_m$，Nb ドープ TiO$_2$(アナターゼ型)，還元 12CaO・7Al$_2$O$_3$ などが見出されている．また，CuInO$_2$，SrCu$_2$O$_2$ では p 型導電性とすることができ，これらを用いた pn 接合での発光ダイオードや薄膜トランジスタの特性が確認されている．

c.　界面の電子伝導

　半導体を金属や別の半導体と接合した場合や，半導体結晶を焼結して多結晶体とした場合は，その界面(多結晶体では粒界)での電気的性質が全体の性質を支配することが多い．Fermi 準位が異なる物質を接合させると，Fermi 準位が高い側から低い側へ電子が流れ(または，逆方向に正孔が流れ)，Fermi 準位が等しくなる．その結果，界面付近にはエネルギー障壁が形成される．

　金属と n 型半導体の接合を例にとる．金属の仕事関数(電子を Fermi 準位から真空準位へ取り出すのに必要なエネルギー)を qW_m，半導体の仕事関数を qW_s とする(W は電位単位，qW はエネルギー単位の表記)．図 3.4 は，$qW_m > qW_s$ の場合のバンド図である．接合前は，半導体の Fermi 準位は金属の Fermi 準位よりも $qW_m - qW_s$ だけ高い位置にあるが，接合すると半導体から金属への電子の移動が生じ，両 Fermi 準位が一致する．これにより，界面に電位障壁が生じる．障壁の高さは，半導体側からみて $qW_m - qW_s$($V_0 = W_m - W_s$ を**接触(拡散)電**

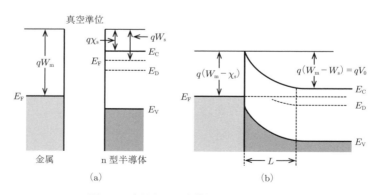

図 3.4　金属と n 型半導体の接合
(a)接合の前，(b)接合の後．
$qW_m > qW_s$，印加電圧がない場合．

位とよぶ）であり，金属側からは $qW_\mathrm{m}-q\chi_\mathrm{s}$ となる．この障壁を Schottky 障壁とよぶ．ここで，$q\chi_\mathrm{s}$ は電子親和力（伝導帯下端と真空準位とのエネルギー差）である．

　境界面から半導体内部へ向かう距離を x とすると，曲線状となったバンドの形は Poisson（ポアソン）式から次式で示される．

$$\frac{\mathrm{d}^2\phi(x)}{\mathrm{d}x^2}=-\frac{qN_\mathrm{D}}{\varepsilon_0\varepsilon_\mathrm{r}} \tag{3.8}$$

ここで，$\phi(x)$ は伝導帯下端を基準とした静電ポテンシャル，ε_0 は真空の誘電率，ε_r は物質の比誘電率，N_D はドナー濃度である．半導体の境界面付近には電子が枯渇した領域が生じており，これを**空乏層**とよぶ．空乏層の厚みを L とすると，$x=L$ で $\phi(L)=0$，$\mathrm{d}\phi(L)/\mathrm{d}x=0$ であることから，$\phi(x)$ は，

$$\phi(x)=\frac{qN_\mathrm{D}}{2\varepsilon_0\varepsilon_\mathrm{r}}(x-L)^2 \qquad (0\leq x\leq L) \tag{3.9}$$

となり，空乏層の厚み L は，$x=0$ で $\phi_0(=V_0)=W_\mathrm{m}-W_\mathrm{s}$ を用いて，次式で示される．

$$L=\left(\frac{2\varepsilon_0\varepsilon_\mathrm{r}(W_\mathrm{m}-W_\mathrm{s})}{qN_\mathrm{D}}\right)^{1/2} \tag{3.10}$$

　接合体に電圧を加えると，界面の電位障壁の高さに変化が生じる．図3.4 の接合で，半導体を金属に対して V_B の負の電位にしたとき，半導体のバンドはエネルギーの高い位置に上がり，障壁高さは $q(V_0-V_\mathrm{B})$ と低くなる．このため，伝導電子は容易に半導体から金属へ（電流は金属から半導体へ）流れるようになる．このような方向の電圧の印加を順バイアスとよぶ．逆に，半導体を正の電位にしたときは，半導体は低エネルギー位置になるが，金属側からの障壁高さは $qW_\mathrm{m}-q\chi_\mathrm{s}$ で変わらないため，電流はほとんど変化しない．この方向の電圧印加を逆バイアスとよぶ．このように，$qW_\mathrm{m}>qW_\mathrm{s}$ の場合の接合では**整流性**が生じる．

　一方，n 型半導体でも $qW_\mathrm{m}<qW_\mathrm{s}$ の場合では，接合により電子は金属から半導体へ移動する．半導体側には障壁が生じず，金属側からの障壁もたいへん小さい．この場合はどちらの方向の電圧印加でも電流は容易に流れる．このような接合を**オーミック接合**とよぶ．金属を電極として用いるときには，このオーミック接合とする必要がある．

　p 型半導体と n 型半導体の接合においても，Fermi 準位は n 型半導体のほうが

高い位置にあるため，接合により電子は n 型から p 型半導体へ移動し，バンド構造に段差が生じる．p 型半導体に正（n 型半導体に負）の電位を加えると，n 型半導体からみた障壁高さが減少するため電流が増加するが，逆の場合には電流は増加しない（図 3.6(a) 参照）．

　半導体の表面は結合が不連続になった状態であり，結晶内部とは異なるエネルギー準位が生じている．さらに，空孔や不純物による格子欠陥，化合物半導体での不定比性，吸着物質によりさまざまな準位が形成されることが多い．これらの表面準位がバンドギャップ内に存在すると，そこへ電子が捕獲され，バンド構造の変化と電位障壁が生じる．また，半導体の多結晶体でも，粒界に存在する界面準位により電位障壁が生じ，それが多結晶体全体の電気伝導性を支配することがある．以下では n 型半導体どうしの界面について述べる．

　図 3.5 に，n 型半導体接合の界面に界面準位（Fermi 準位より低い位置にあるアクセプタ準位とする）が存在する場合のバンド図を示す．電子は両側の半導体から界面準位に捕獲され，半導体の Fermi 準位が低くなるため，電位障壁が生じる．Schottky 障壁が重なり合った形状から，**二重 Schottky 障壁**とよばれる．障壁形状は金属–半導体接合のときと同様に Poisson 式から求められ，界面での障壁高さ ϕ_0（電位単位）は式 (3.9) から次式となる．

$$\phi_0 = \frac{qN_{\mathrm{D}}L^2}{2\varepsilon_0\varepsilon_{\mathrm{r}}} \tag{3.11}$$

また，界面から両側に L の範囲の電子が界面準位に捕獲されることから，界面準位密度 $N_{\mathrm{s}}[\mathrm{m}^{-2}]$ とドナー濃度 $N_{\mathrm{D}}(\mathrm{m}^{-3})$ の関係は $N_{\mathrm{s}}=2LN_{\mathrm{D}}$ であり，これより ϕ_0 は次式となる．

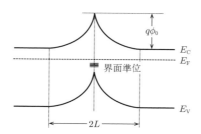

図 **3.5**　n 型半導体接合のバンド図
　　　　界面に界面準位（アクセプタ準位）が存在する場合．

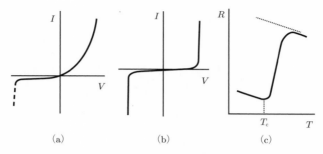

図 3.6　(a)pn 接合，(b)ZnO バリスタの電圧-電流特性，
(c)半導体化した BaTiO₃ の抵抗温度特性(PTCR 特性)
(c)：点線は半導体化していない BaTiO₃ の特性．

$$\phi_0 = \frac{qN_S{}^2}{8\varepsilon_0\varepsilon_r N_D} \tag{3.12}$$

この式から，障壁高さは界面準位密度が大きいほど，またドナー濃度と誘電率が小さいほど高くなることがわかる．

　n 型半導体の多結晶体では，この電位障壁によりさまざまな機能を示すものがある．図 3.6(b),(c)に，その特性例を示す．電圧安定化などに用いられる **ZnO バリスタ**では，この障壁が高いため，低電圧では高抵抗な状態になっている．しかし，大きな電圧(1 粒界に 2〜3 V)を印加するとこの障壁が変形し，障壁を越える電流やトンネル電流が急激に流れ出し低抵抗となる．そのため，電圧-電流特性に著しい非直線性が生じる(図 3.6(b))．添加物により半導体化した BaTiO₃ は，Curie(キュリー)温度(約 130 ℃)以上で電気抵抗が急増する **PTCR**[*1](正の抵抗温度係数)**特性**を示し，温度検知や制御に用いられている(図 3.6(c))．この抵抗増加は，Curie 温度での結晶相転移により比誘電率 ε_r が減少し，粒界障壁が急に高くなることによる．また，**半導体ガスセンサ**では，可燃性ガスにより抵抗が減少することを用いてガス検出・計測を行う．この変化は，界面アクセプタとなっている吸着酸素が可燃性ガスにより減少し(すなわち，N_S が減少し)，障壁が低下することに起因している．

＊1　PTCR: positive temperature coefficient of resistance.

3.1.2 イオン伝導性

a. イオンの拡散とイオン伝導

2.4 節で述べたように，イオンの自己拡散係数 D および単位面積あたりの x 方向へのその流速 $j\,[\mathrm{mol\,cm^{-2}\,s^{-1}}]$ を表す **Fick の第一法則**は次式で示される．

$$D=\frac{\nu_0 r^2}{6}\exp\left(-\frac{E_\mathrm{a}}{RT}\right) \tag{3.13}$$

$$j=-D\left(\frac{\partial c}{\partial x}\right) \tag{3.14}$$

ここで，r は1回のジャンプ距離，ν_0 はイオンの振動数，E_a はポテンシャル障壁，c はイオン濃度である．ここでは，電場のように，外部からポテンシャル勾配が加わった状態でのイオンの移動とイオン導電率との関連を説明する．

図 3.7 は，結晶格子によるポテンシャルに外部からポテンシャル勾配が加わった状態を示す．隣接した低ポテンシャル位置間の距離 r に ΔE のポテンシャル差がある場合である．体積 r^3 中で拡散するイオンの濃度が c のとき，一つのポテンシャルの谷に存在する確率は cr^3 である．また，3軸方向のうち x の一方向に向かう確率は $1/6$ である．左から右にジャンプするイオンの単位面積 $(1/r)^2$ あたりの流速 j_L は，

$$j_\mathrm{L}=\left(\frac{1}{r}\right)^2\frac{cr^3\nu_0}{6}\exp\left(-\frac{E_\mathrm{a}-\Delta E/2}{RT}\right)=\frac{cr\nu_0}{6}\exp\left(-\frac{E_\mathrm{a}}{RT}\right)\frac{\Delta E}{2RT} \tag{3.15}$$

で与えられる．最後の項は $\Delta E\ll E_\mathrm{a}$ から近似した形にしている．同様にして右

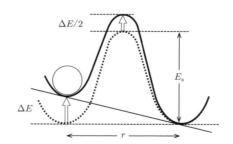

図 3.7 外部ポテンシャルが加えられた場合の
結晶格子ポテンシャル
点線は外部ポテンシャルがない場合．

から左への流速 j_R を出し，その差を正味の流速とすると次式で与えられる．

$$j = j_L - j_R = \frac{cr\nu_0}{6} \exp\left(-\frac{E_a}{RT}\right)\frac{\Delta E}{RT} \tag{3.16}$$

これらの式での ΔE は，静電ポテンシャルだけでなく化学ポテンシャルや磁界などさまざまな寄与を含む．化学ポテンシャル μ と静電ポテンシャル φ の寄与を合わせた電気化学ポテンシャル $\eta_i (\eta = \mu + ZF\varphi$，$F$ は Faraday（ファラデー）定数，Z はイオン価数）で表すと，$\Delta E = -(\partial\eta/\partial x)r$ より，

$$j = -\frac{cr^2\nu_0}{6RT} \exp\left(-\frac{E_a}{RT}\right)\frac{\partial\eta}{\partial x} \tag{3.17}$$

となる．この式がイオン移動を表す基本的な式となる．

電場がない場合（$\partial\varphi/\partial x = 0$ のとき），$\mu = \mu° + RT \ln (c/c°)$（°は標準状態を示す）を用いると，式(3.17)は次式となり，式(3.13)を式(3.14)にそのまま入れた形になる．

$$j = -\frac{cr^2\nu_0}{6} \exp\left(-\frac{E_a}{RT}\right)\frac{\partial \ln c}{\partial x} = -\frac{r^2\nu_0}{6} \exp\left(-\frac{E_a}{RT}\right)\frac{\partial c}{\partial x} \tag{3.18}$$

また，μ のイオン濃度勾配がない場合（$\partial c/\partial x = 0$ のとき），式(3.17)は次式となる．

$$j = -\frac{ZFcr^2\nu_0}{6RT} \exp\left(-\frac{E_a}{RT}\right)\frac{\partial\varphi}{\partial x} \tag{3.19}$$

イオンが 1 mol あたり ZF の電荷をもつことから，式(3.19)の流速を電流 i に変換すると，

$$i = ZFj = \frac{Z^2F^2cr^2\nu_0}{6RT} \exp\left(-\frac{E_a}{RT}\right)\left(-\frac{\partial\varphi}{\partial x}\right) \tag{3.20}$$

となる．電流 i は，導電率 σ と電場 $V(= -\partial\varphi/\partial x)$ から $i = \sigma V$ と表せるので，式(3.20)と(3.13)から，導電率と拡散係数を関連付ける **Nernst-Einstein**（ネルンスト・アインシュタイン）**の式**が得られる．

$$\sigma = \frac{Z^2F^2cr^2\nu_0}{6RT} \exp\left(-\frac{E_a}{RT}\right) = \frac{cZ^2F^2D}{RT} \tag{3.21}$$

導電率は，単位体積あたりのキャリア個数 $n(= cN_A$，N_A は Avogadro 数），キャリアの電荷 $|Z|e$，移動度 μ により，

$$\sigma = |Z|ne\mu \tag{3.22}$$

で表される．ここで，$F = N_A e$，Boltzmann 定数 $k_B = R/N_A$ を用いると，移動度は，

$$\mu = \frac{|Z|eD}{k_B T} \tag{3.23}$$

となり，D と関係付けられる．また，イオンの拡散が希薄な空孔を介した機構による場合，導電キャリアは欠陥（空孔）と考えることができ，空孔濃度 c_V，空孔拡散係数 D_V から式(3.21)は次式となる．

$$\sigma = |Z_V| n_V e \mu_V = c_V Z_V^2 F^2 D_V / RT \tag{3.24}$$

ここで，$cD = c_V D_V$ である．

b.　高イオン伝導性材料

　固体が高いイオン導電率をもつには，式(3.13), (3.24)から考えられるように，拡散係数が大きく（ポテンシャル障壁 E_a が小さく），可動イオンあるいは欠陥の濃度が高いことが条件となる．このような固体は，結晶構造の面からみると，以下の(i) 平均構造，(ii) 層状または網目構造，(iii) 高濃度の空孔をもつ構造，(iv) ガラス構造，に分類できる．代表的高イオン伝導体（導電体）の結晶構造を図3.8に，またそれらのイオン導電率を図3.9に示す．

　（i）平均構造　　平均構造では，結晶内でイオンの占有位置数が実際に存在するイオン数よりも多くあり，占有位置の間のポテンシャル障壁がきわめて小さい．そのため，イオンは多くの位置に統計的に分布しており，小さいエネルギーで移動できる．典型例は立方晶系に属する α-AgI（高温相）である．この結晶では，I^- は体心立方の副格子を形成し，Ag^+ はその間のエネルギー的に等価，あ

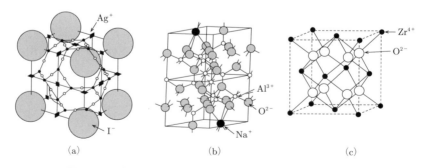

(a)　　　　　　　　　　(b)　　　　　　　　　　(c)

図 **3.8**　代表的高イオン伝導体の結晶構造
(a)α-AgI，(b)β-アルミナ($Na_2O \cdot 11Al_2O_3$)，(c)ZrO_2.
(a)の○，▲，■は Ag^+ の入り得るサイト．

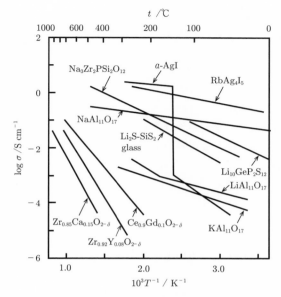

図 3.9　代表的高イオン伝導体の導電率

るいはほとんど等価な位置に分布している（図 3.8(a)）.

（ii）**層状または網目構造**　　可動イオンが比較的疎な充填構造をとる位置を占有しており，占有位置間を結ぶ経路が 2 次元，あるいは 3 次元的に連結している構造である．典型例としては，層状構造をとる β-アルミナ（$Na_2O \cdot 11Al_2O_3$）（図 3.8(b)）や 3 次元網目構造をとる **NASICON**（Na super ionic conductor, $Na_{1+x}Zr_2Si_xP_{3-x}O_{12}(x \leqq 2)$ など）があげられる．これらは Na^+ 伝導体であり中温度領域で高いイオン導電率を示すが，他のアルカリイオンも可動イオンとなる．

（iii）**高濃度の空孔を含む構造**　　母結晶とは異なる原子価をとる異種元素を固溶させることにより，空格や格子間イオンを生成させると，この格子欠陥を介してイオンが容易に移動するようになる．典型例は，酸化物イオンの空格子点を高濃度に含む立方晶**安定化ジルコニア**である（図 3.8(c)）．蛍石型構造やペロブスカイト型構造の酸化物で多くみられるが，酸化物イオンの移動には他のアルカリイオン等よりも大きなエネルギーを要するため，高導電率とするには高温が必要となる．

（**iv**）**ガラス構造**　　ガラスは，結晶と比較して本質的にイオンの充填密度が
小さいため，組成とイオンの配位状態によっては，高いイオン導電率を示すこと
がある．リン酸塩やホウ酸塩あるいは複合酸素酸塩ガラスでは，Ag^+ の非常に
高いイオン導電率を示す例がある．

c.　イオン伝導体の応用

　イオン伝導体を用いた機能素子は多くあるが，その原理は，図 3.10 のように，
イオン伝導体を隔壁に用いて適切な外部回路を設けた場合に生じる電流あるいは
電位によって理解できる．ここでは，反応して AB となる物質 A と B を，電極
を設けた A^+ イオン伝導体で隔てている．A^+ がイオン伝導体中を移動する駆動
力は，AB となる反応の自由エネルギー変化 ΔG である．反応して AB になるに
は，A^+ がイオン伝導体中を，電子が外部回路を通り B 側の界面Ⅱに到達しなけ
ればならない．

（**i**）**外部回路をつなげていない場合**（図 3.10(a)）　　AB となる反応が起こらず，
$$-nFE_0 = \Delta G \tag{3.25}$$
の関係で示される起電力 E_0 が電極間に生じる．ここで，F は Faraday 定数，n
は生成物 1 分子に対応する電子数である．ΔG は A と B の濃度（気体なら分圧，
固体なら活量）と温度に依存するため，温度と一方の物質の濃度が定まっている
なら，起電力の測定によりもう片方の濃度を知ることができる．すなわち，**濃度
センサ**として機能する．また，隔壁の両側がともに物質 A であっても，濃度差

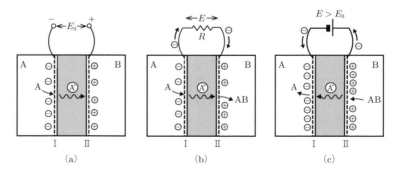

図 3.10　イオン伝導体を用いた機能素子の原理
(a)起電力発生，(b)電池，(c)外部電圧によるポンプ作用

があれば起電力 E が生じる。たとえば、酸化物イオン伝導体の両側の酸素ガス
の分圧が $P_{O_2, I}$, $P_{O_2, II}$ ($P_{O_2, I} > P_{O_2, II}$) のとき、起電力は、

$$E = -\frac{RT}{4F} \ln (P_{O_2, II}/P_{O_2, I}) \tag{3.26}$$

となり、酸素ガスセンサとして用いることができる。

（ⅱ）**外部回路に適度な大きさの負荷抵抗を入れてつなげた場合**（図 3.10 (b)）
外部回路を流れた電気量に相当する分、AB となる反応が進む。すなわち、反応
のエネルギーを電気エネルギー（電力）として取り出す電池として機能する。得ら
れる電気量は、A と B の少ないほうの物質量によって決まる。しかし、A と B
が H_2 と O_2 のような気体で、それらを連続的に供給でき、反応生成物 (H_2O) も
取り除くことができる場合は、電力を連続的に取り出せる燃料電池としてはたらく。

（ⅲ）**外部回路に平衡起電力 E_0 よりも大きな電圧を逆向きに加えた場合**（図
3.10 (c)）　　AB の生成と逆向きの反応（分解）が起こる。すなわち、AB から分
かれた A^+ だけがイオン伝導体中を移動し、界面Ⅰで A となる。これは**電気化
学的なポンプ**といえる。隔壁の両側がともに物質 A の場合でも、低濃度側から
高濃度側（気体であれば低圧側から高圧側）へ A を移動できるので、混合物から
の分離や高純度化を行うことができる。充放電の繰返しが可能な二次電池は、
(ⅱ)のエネルギー的に安定な状態への反応（放電）と(ⅲ)の外部電圧によりもとの
状態に戻す反応（充電）が可逆である電池といえる。

イオン伝導体を用いた機能素子は、これらの機能の何れか、またはその組合せ
を利用している。また、イオン-電子の**混合伝導体**は、これらの素子の電極とし
て多く用いられている。たとえば、リチウムイオン二次電池では、正極に
$LiCoO_2$, $LiMn_2O_4$, $LiFePO_4$ などが、負極にカーボン（グラファイト系）が、電
解質には有機電解液が用いられる。放電時には、Li^+ イオンは負極から正極に電
解質を通して移動し、同時に電子が外部から正極に取り込まれる（正極は外部に
電流を出す）。その際に正極の活性イオンは還元される（$LiCoO_2$ の場合は $Co^{4+} \rightarrow$
Co^{3+}）。充電時にはその逆の反応となる。

イオン伝導体としては液体のほうが高い導電率をもつが、固体では、液体や気
体の反応物質を確実に隔離できる、化学的に安定で高温や高電圧にも耐えるもの
が多い、液もれの問題がなく衝撃にも強い、などの利点がある。そのため、小型
あるいは薄膜デバイスとするにも有利で、これまで液体を使っていた応用でも全
固体化の試みが進められている。

3.2 誘 電 体

　誘電体とは，絶縁体的な電子構造をもち，電界を印加すると誘電分極を発生する固体，液体，気体の総称である．工業的に，誘電体は導体，半導体，磁性体と並んで重要な地位を占めている．主として誘電率が大きいことを利用したコンデンサ材料と，絶縁抵抗が高いことを利用した電気的絶縁材料が，幅広く利用されている．ここでは，固体の誘電性を対象として，誘電性のメカニズムを無機化学的な見地から解説する．誘電性の一般論を述べたのちに，工業的に幅広く実用化されている強誘電体の基礎を概説する．誘電性および強誘電性において，電子とイオンの変位が重要な役割を果たすことを述べる．なお，誘電体および強誘電体に関する基礎については，文献[1]および[2]を参照されたい．

3.2.1 誘電率と分極[1]

a. 誘電率

　静電的な電界に置かれた誘電体について考える．図 3.11(a)に示すように，平行平板(電極面積 S，電極間距離 d)の電極で挟んだ誘電体の**静電容量**を C とすると，印加電圧 V と電極間に蓄えられた電荷 Q の間には，次式の関係がある．

$$Q = CV \tag{3.27}$$

誘電体の誘電率を ε とする．静電場の ε は静誘電率とよばれることもある．C は，

$$C = \varepsilon \frac{S}{d} \tag{3.28}$$

で表される．真空の誘電率を ε_0，**比誘電率**を ε_r とすると，

$$\varepsilon = \varepsilon_0 \varepsilon_r \tag{3.29}$$

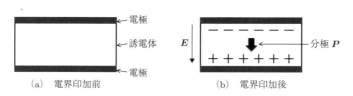

　　(a) 電界印加前　　　　　　　　　(b) 電界印加後

図 3.11　誘電体に電極を付けた平行平板コンデンサ
(a)電界印加前と，(b)電界を印加して生じた誘電分極

となる．基準としている真空の ε_r は 1，分極性液体である水の ε_r は約 80，コンデンサとして実用化されている**チタン酸バリウム**($BaTiO_3$)の ε_r は 3000 程度である．

b. 　分　　極

　誘電体に電場を印加すると，誘電体を構成するイオンや電子が電場に応答して変位し，**双極子モーメント**を誘起する．この状態を，イオンまたは電子が分極しているという．電界によって引き起こされた双極子モーメントを**誘起双極子モーメント**という．プラスの電荷をもった原子核などは電場方向に変位するのに対して，マイナスの電荷をもった電子などは電場と逆方向に変位する．後述する**イオン変位**や**電子変位**において，これらの変位量は 0.01 nm 程度と非常に小さいが，物質の誘電的性質を決めることが多い．双極子モーメントが誘起された結果，誘電体表面にプラスとマイナスの電荷が残る．この状態を，誘電体が分極しているといい，その表面電荷密度が分極電荷に相当する．電界ベクトル E と同じ方向を向き，単位体積あたりの双極子モーメントをもつベクトル P を分極とよぶ．

　電気変位(電束密度)D は，P と次式の関係にある．

$$D = \varepsilon E = \varepsilon_0 \varepsilon_r E = \varepsilon_0 E + P \tag{3.30}$$

ε_r が非常に大きい材料においては，$P \approx \varepsilon_0 \varepsilon_r E$ で近似できる．

c. 　分極の種類

　誘電体における分極は，電子およびイオンの振る舞いから大別すると，次に示す 3 種類に分けられる．

　（ⅰ）**電子分極**　　原子における原子核と電子雲の相対位置の変化に起因する分極(図 3.12(a))．

　（ⅱ）**イオン分極**　　イオン結晶内の正イオンおよび負イオンの相対変位に基づく分極(図 3.12(b))．

　（ⅲ）**配向分極(双極子分極)**　　E を印加しなくても生じる双極子を**永久双極子**という．永久双極子をもつ分子や固体において，E に応答して双極子モーメントが配向することにより生じる分極を配向分極または双極子分極とよぶ(図 3.12(c))．E が 0 において，双極子モーメントはランダムな熱運動のために相殺して，マクロな P は 0 になる．E を印加すると，双極子モーメントはトルクを受けて，熱運動に逆らって E の方向に向きをそろえる傾向をもつ．双極子モー

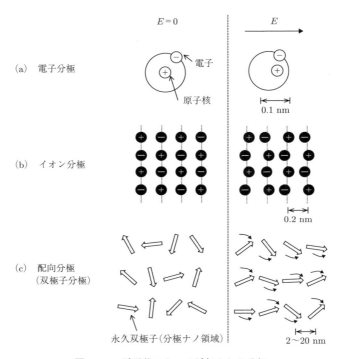

図 3.12   誘電体において誘起される分極

メントが **E** 方向にそろうことによって，比較的大きな分極が観測される．ε_r が数万と非常に大きいリラクサ誘電体とよばれる物質では，大きさが数 nm の分極ナノ領域が電場に応答して，巨大な誘電性が発現する．

　（iv）空間電荷分極　　誘電体の中に自由イオンが含まれるときには，図 3.13 に示すようなイオンの移動によって，非常に大きな **P** を生じることがある．イオンのように電荷を帯びた原子または欠陥が，原子間距離よりも大きな距離を移動して生じる分極を，空間電荷分極という．空間電荷分極により生じる ε_r は数万から数百万に達することもある．しかし，空間電荷分極による誘電性は，後述するように，比較的低い周波数で減衰するなどの理由により，誘電デバイスには不向きである．一方，空間電荷分極を積極的に利用して，二次電池に応用する研究開発が活発に行われている．

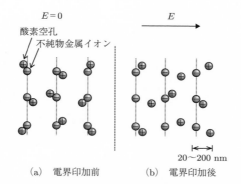

20〜200 nm

(a) 電界印加前　　(b) 電界印加後

図 3.13　自由イオンが含まれるときに観測される空間電荷分極
　　　　ここでは遷移金属酸化物を例に，アクセプタとなる不
　　　　純物金属イオンを−で，酸素空孔を＋で示してある．
　　　　酸素空孔は，室温でも移動できるため，電界の印加に
　　　　より，電場方向に移動する．

　ここでは酸化物誘電体を例に，空間電荷分極のメカニズムを説明する．一般
に，酸化物は，10^{17}〜10^{19} cm^{-3} オーダーの**酸素空孔**を含む．この酸素空孔は，
原料に含まれる不純物がアクセプタとしてはたらくために生成する．酸素空孔は
＋2価に帯電した欠陥であるのに対し，アクセプタはマイナスに帯電している（2
章参照）．作製後の誘電体では，図 3.13 に示すように，アクセプタと酸素空孔
は，引力相互作用のため，最近接サイトに位置するとみなしてよい．
　酸素空孔は，室温でも移動できる．比較的大きな E を印加すると，プラスに
帯電した酸素空孔は E 方向に移動し，その変位量は数百 nm にも及ぶ．このた
め，非常に大きな P を生じ，数万を超える巨大な ε_r を生じることもある．

3.2.2　複素誘電率と誘電損失

　角周波数 ω の交流電圧 V を誘電体に印加した場合を考える．一般に，交流電
場下の誘電体は，図 3.14(a) の等価回路で近似できる．C は誘電体の等価静電容
量，G は等価コンダクタンス（$G = 1/R$，R は抵抗）である．誘電体に流れる電流
I は，V に比べて位相が 90° 進んだ変位電流 I_C（$I_C = j\omega C V$）と，V と同位相の損
失電流 I_R（$I_R = GV$）の和で表される（$I = I_C + I_R$）．

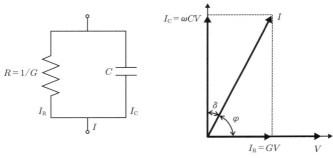

(a) 誘電体の等価回路　　　　　(b) 電圧と電流の関係

図 **3.14** 誘電体に角周波数 ω の交流電圧 V を印加した場合の
(a)等価回路と(b)電圧と電流の関係
誘電損失 $\tan\delta$ は $|I_{\mathrm{R}}|/|I_{\mathrm{C}}|$ で表される.

　交流の誘電率を ε, 比誘電率を $\varepsilon_{\mathrm{r}}(\varepsilon=\varepsilon_0\varepsilon_{\mathrm{r}})$ とすると, $C=\varepsilon S/d$ で示される. また, **交流導電率** を σ とすると, $G=\sigma S/d$ となる. I と I_{C} の成す角度を δ とすると, $\tan\delta$ は,

$$\tan\delta=\frac{|I_{\mathrm{R}}|}{|I_{\mathrm{C}}|}=\frac{G}{\omega C}=\frac{\sigma}{\omega_\varepsilon} \tag{3.31}$$

となる. $\tan\delta$ は誘電損失とよばれ, 損失電流の大きさの指標として使用される. $\tan\delta$ は物質固有ではなく, 誘電体の作製条件, 測定温度や測定周波数に大きく依存する.

　回路を流れる電流密度 J は,

$$J=\frac{I_{\mathrm{C}}+I_{\mathrm{R}}}{S}=(j\omega\varepsilon+\sigma)E \tag{3.32}$$

で表される. ここで, **複素誘電率** $\varepsilon^*=\varepsilon_1-j\varepsilon_2$ を定義する. ε_1 は誘電率の実部, ε_2 は誘電率の虚部である. また, 複素比誘電率は $\varepsilon_{\mathrm{r}}^*=\varepsilon_{\mathrm{r},1}-j\varepsilon_{\mathrm{r},2}$ で表され, $\varepsilon_{\mathrm{r},1}$ は比誘電率の実部, $\varepsilon_{\mathrm{r},2}$ は比誘電率の虚部である.

　ε^* を用いると, J は,

$$J=j\omega\varepsilon^*E \tag{3.33}$$

で表される. 上記の関係式を整理すると, σ と $\tan\delta$ に関する次式を得る.

$$\sigma=\omega\varepsilon_2 \tag{3.34}$$

$$\tan \delta = \frac{\varepsilon_2}{\varepsilon_1} = \frac{\varepsilon_{r,2}}{\varepsilon_{r,1}} \tag{3.35}$$

3.2.3　複素誘電率の周波数変化

　直流電場下における静誘電率は，イオンや電子の静的な変位により決まる．一方，交流電場下の複素誘電率は，イオンや電子の運動に密接に関連している．換言すると，静誘電率から誘電体の構造に関する情報が，複素誘電率の周波数変化から誘電体の動的挙動に関する知見が得られる．

　図 3.15 に複素誘電率の周波数依存性を示す．誘電率，周波数ともに対数で示されている．**永久双極子**をもち，かつ空間電荷分極をもつ物質に静電場を印加した場合，電子分極のみが応答する．これは，すべての分極が，静電場に応答することを意味している．一方，紫外線のように周波数の高い電磁波に対しては，電子分極のみしか応答しない．電磁波の周波数が赤外領域になると，電子よりもはるかに質量の重い原子核の運動も誘起され，電子分極に加えてイオン分極も現れる．周波数がさらに低くなって，電気的周波数の領域（数 kHz～数 MHz）に入ると，配向分極が加わる．さらに低周波になると，空間電荷分極も上乗せされる．

　誘電率の実部は，光学的領域から電気的領域へと移行すると増大する．これは，寄与する分極が増えて，それらの影響が重畳して誘電率として観測されるか

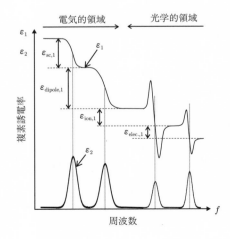

図 3.15　複素誘電率の周波数依存性
縦軸の複素誘電率，横軸の周波数（f）ともに，対数で示してある．ε_1 は誘電率の実部，ε_2 は誘電率の虚部である．高周波側から観測される誘電緩和は，電子分極（$\varepsilon_{elec.,1}$），イオン分極（$\varepsilon_{ion,1}$），配向分極（$\varepsilon_{dipole,1}$），空間電荷分極（$\varepsilon_{sc,1}$）に起因する．

らである. また, 誘電率が大きく変化する周波数領域に着目する. このように, 誘電率が周波数によって異なる現象を, 誘電率の分散, または誘電分散とよぶ. 誘電分散は, 分極によって現れ方が異なる. 光学的領域で観測される電子分極やイオン分極の分散は共鳴型であり, 分散過程において ε_1 に極大と極小がある. 配向分極および空間電荷分極による分散は, 緩和型である. 緩和型の分散においては, 周波数の減少に伴い, ε_1 は徐々に増加して, 一定値を示す. 途中で, 極大や極小を示すことはない.

ε_2 は, 誘電分散が起こる周波数領域で著しく大きくなり, 周波数に対して山形の変化を示す. この傾向は, 光学的, 電気的の何れの領域における分極でも変わらない. ε_2 は, 誘電損失に対応し, 誘電体で消費されるエネルギーの大きさを表す量である.

3.2.4 強 誘 電 体[1]

a. 強誘電体とは

誘電体に外部電界を印加すると, 結晶を構成するイオンや電子が変位して, 分極 $\boldsymbol{P}$ が現れることは, 3.2.1 項で述べた. この誘電分極により, 双極子モーメントが誘起され, 表面に電荷が現れる. 分極の大きさ示す分極値 $P=|\boldsymbol{P}|$ は, 単位体積あたりの双極子モーメントで表され, その単位は[C m^{-2}]である.

誘電体の中には, 外部電界を印加しない状態においても正電荷と負電荷の中心が一致せず, 分極を示すものがある. この分極を自発分極 P_s とよぶ.

P_s をもち, かつその P_s の方向を外部電界により反転させることができる性質を強誘電性といい, 強誘電性を示す物質を強誘電体とよぶ. 図 3.16 に**ペロブスカイト型酸化物強誘電体**(ABO$_3$)の分極反転のモデル図を示す. A サイトには, 低価数で比較的大きなカチオンが, B サイトには高価数で小さなカチオンが入る.

図 3.17 に誘電体における強誘電体の位置付けを示す. 結晶は対称性によって 32 種類の点群に分類される. そのうち, 11 種は対称中心をもつが, 残りの 21 種類は対称中心をもたない. 対称中心をもたない 21 種類から, 一つの例外を除いた 20 種類の点群に属する結晶は, 外部応力により分極が発生する. この性質を**圧電性**といい, 圧電性を示す物質は圧電体とよばれる. 圧電性をもつ 20 点群のうち, 10 種は外部応力を加えない状態でも P_s をもっている. P_s の大きさは温

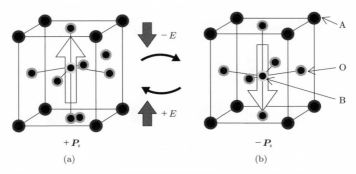

図 **3.16**　ペロブスカイト型酸化物強誘電体（ABO₃）の分極反転モデル
上向きの（$+P_s$）と(b)下向きの P_s（$-P_s$）をもつ単位格子.
電界の印加により，$+P_s$ と $-P_s$ を反転することができる
のが，強誘電体の特徴である.

図 **3.17**　誘電体における強誘電体の位置付け

度に依存するため，結晶の温度を変化させると，結晶表面に誘起される電荷量が
変化する. この性質を**焦電性**といい，焦電性を示す物質を焦電体とよぶ. 焦電性
を示す 10 点群のうち，外部電界の印加によって，P_s の方向を反転することがで
きる物質を強誘電体とよぶ. 強誘電体は，強誘電性に加えて，誘電性，焦電性や
圧電性をあわせもつため，多くの電子デバイスに使用されており，現代の産業に
とって欠かすことのできない材料である.

b.　強誘電体の種類

　強誘電体は，**秩序–無秩序型強誘電体**と**変位型強誘電体**の 2 種類に大別され，
P_s の発現メカニズムが異なる.
　変位型強誘電体では，図 3.18 に示すように，**Curie 温度**（T_C）よりも高温の領

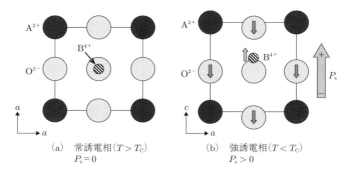

(a) 常誘電相$(T > T_C)$
$P_s = 0$

(b) 強誘電相$(T < T_C)$
$P_s > 0$

図 **3.18** 変位型強誘電体
(a)常誘電相$(T > T_C)$と(b)強誘電相$(T < T_C)$の結晶構造.
$T < T_C$では, 中心対称性が破れて, P_sが発現する.

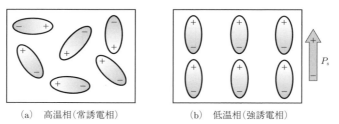

(a) 高温相(常誘電相)

(b) 低温相(強誘電相)

図 **3.19** 秩序–無秩序型強誘電体
(a)常誘電相$(T > T_C)$と(b)強誘電相$(T < T_C)$における
永久双極子の配列の模式図.

域においては, 正電荷と負電荷の中心が一致している. このように, 中心対称性
を示す結晶構造をもつため, 強誘電性を示さない. 一方, $T < T_C$の低温領域に
おいては, 中心対称性が破れて結晶構造の対称性が低下する. 正電荷と負電荷の
中心がずれ, 永久双極子が現れるため, P_sをもつようになる.

図 3.19 に示す秩序–無秩序型強誘電体では, $T > T_C$においては永久双極子を
もった分子がランダムな熱運動をした構造をとるため, マクロな分極は 0 にな
る. $T < T_C$においては, 永久双極子が同一の方向に配向するため, 結晶全体と
してP_sをもつようになる.

　変位型強誘電体の代表的な物質として，**BaTiO₃** と **PbTiO₃** がある．BaTiO₃ は，$T_C = 135℃$ と比較的低く，中程度の P_s をもつ．BaTiO₃ は，その誘電率が大きいという特徴を利用して，セラミックスコンデンサとして，幅広く利用されている．また，BaTiO₃ は逐次相転移を示す．冷却とともに，$T_C = 135℃$ で立方晶から正方晶へ相転移する．第 2 相転移点である $-5℃$ 付近で，斜方晶へ転移する．さらに低温では，菱面体晶へ転移する．

　PbTiO₃ は，$T_C = 495℃$ と高く，非常に大きな P_s をもつ．PbTiO₃ は $495℃$ で立方晶から正方晶へ相転移し，さらに極低温まで冷却しても正方晶のままである．PbTiO₃ の特徴を生かして，PbZrO₃ を固溶したチタン酸ジルコン酸鉛（Pb(Ti,Zr)O₃）が圧電デバイスとして広く利用されている．

c.　ペロブスカイト型強誘電体

　さまざまな強誘電体の中で，最も実用化されている材料は，ペロブスカイト型構造をもつ強誘電体である．その代表的な物質である**チタン酸バリウム**（BaTiO₃）の結晶構造を図 3.20 に示す．

　BaTiO₃ は，Curie 温度 T_C（$=135℃$）以上の常誘電相では P_s をもたない．高温では，B カチオンである Ti^{4+} が，時間平均をとると，単位格子の中央に位置している．正電荷と負電荷の中心が一致しているため，永久双極子は存在しない．一方，T_C 以下に冷却すると，BaTiO₃ は立方晶から正方晶へ相転移する．この相転移による構造変化には，次に示す二つの特徴がある．

① 格子定数は a 軸方向で縮み，c 軸方向で伸長する．
② Ti^{4+} が c 軸方向へ変位する．

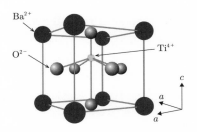

図 3.20　Curie 温度（$T_C = 135℃$）以下における BaTiO₃ の結晶構造

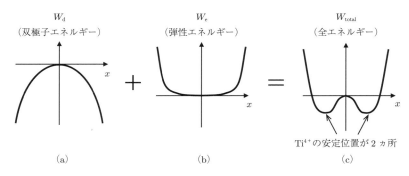

図 3.21 ペロブスカイト型強誘電体の強誘電相におけるポテンシャル曲線

　この Ti^{4+} の変位を，自発変位という．これらの特徴をもつ構造相転移により，正電荷と負電荷の中心がずれ，永久双極子が現れるため，c 軸方向に P_s が発現する．

　ペロブスカイト型強誘電体における P_s の発現メカニズムは，以下のようなモデルで簡単に説明することができる．結晶のエネルギーを，Ti^{4+} の変位量 x の関数として考える（図 3.21 参照）．図 3.21 (c) の全エネルギー W_{total} は，**双極子エネルギー** W_d（図 3.21 (a)）と**弾性エネルギー** W_e（図 3.21 (b)）の和で表される．$x=0$ の状態は，Ti^{4+} が TiO_6 八面体の中央に位置した状態に等しい．Ti^{4+} の変位量の絶対値 $|x|$ が大きくなるほど，双極子モーメント（$x \times$ 電荷量）は大きくなる．双極子モーメントは静電引力により安定化されるため，$|x|$ の増加により双極子エネルギーは減少する．一方，W_e はばねの性質と同様に，$x=0$ の状態において最小値をとり，$|x|$ の増加に伴い増大する．強誘電体では，W_e が $|x|=0$ 付近でフラットであるという特徴がある．このような W_e をもつ系で，W_{total} の曲線には $|x| >$ の 2 点で最小値が現れる．2 個の極小値がある W_{total} 曲線を，ダブルミニマムポテンシャルという．なお，三次元の結晶では 6 個の極小点が存在する．この結果，Ti^{4+} が $x \neq 0$ の位置で安定に存在することが可能になり，P_s が現れる．電界の印加により，Ti^{4+} は一方の W_{total} 極小点から，もう一方の極小点に移る．$T > T_C$ では，ポテンシャル曲線が変化して，$x=0$ の 1 点で W_{total} が最小となるため，強誘電性が消失し，常誘電相となる．

d.　ドメイン構造

　常誘電相から強誘電相へ相転移すると，結晶中にはP_sがそろった巨視的な領域が形成される．この領域を，分域あるいはドメインという．ドメインが形成する構造を**ドメイン構造**という．強誘電体では，双晶もドメイン構造の一種であるとみなされる．

　強誘電体のドメインには，180°ドメインと非180°ドメインがある．図3.22(a)に示す180°ドメインでは，隣接するドメインのP_sベクトルが180°を成している．強誘電体がもつP_sの方向は，その晶系によって決定されるため，形成されるドメイン構造も晶系によって種類が決まる．正方晶系では，90°ドメインと180°ドメインが，菱面体晶系では71°ドメイン，109°ドメインと180°ドメインが形成される．90°ドメインや71°ドメインは非180°ドメインに分類され，強弾性ドメインともよばれる．ドメインの境界を**ドメイン壁**という．中には，電荷を帯びていてエネルギーが非常に高いドメイン壁も観察されるが，通常は図3.22に示すように，ドメイン壁は電荷が補償された構造となり，電気的に中性な界面を形成する．外部電界を印加すると，ドメイン壁が移動し，理想的には結晶全体ですべてのP_sがそろった状態が実現される．

　強誘電体結晶において，結晶のサイズが無限大であるならば，すべての双極子が平行に配列した状態(**シングルドメイン状態**)が最安定となる．しかしながら実際は，分極処理(外部から電界を印加し，P_s方向をそろえる処理)を施していない結晶の内部には，異なるP_s方向をもつドメインが多数形成されている(**マルチドメイン状態**)．図3.23に，正方晶系の強誘電体結晶で観察されるドメイン構造を示す．90°ドメインと180°ドメインが入り組んだ構造になっている．すべての90°ドメイン壁では，P_sの頭(head)と尾(tail)がつながった **head-to-tail 構造**となっているため，電荷の蓄積がないエネルギー的に最安定な界面構造が形

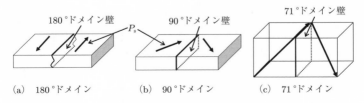

(a)　180°ドメイン　　　(b)　90°ドメイン　　　(c)　71°ドメイン

図 **3.22**　ドメイン構造のモデル図

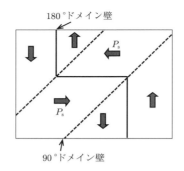

図 3.23　90°ドメインと 180°ドメインから形成される
マルチドメイン構造
正方晶系の強誘電体結晶で観察される.

成されている. 同様に, 180°ドメイン壁は, P_s と同方向に入るため, 電気的に
中性な界面となる.
　強誘電体は, **マルチドメイン状態**をとることにより, **静電エネルギー**が低下
し, **歪みエネルギー**も緩和される. ドメイン壁の挿入にはエネルギーを要する.
しかし実在のデバイス形状では, 静電エネルギーと歪みエネルギーの低下の効果
が上回るため, マルチドメイン状態のほうが安定になる. このため, 分極処理を
施していない強誘電体は, マルチドメイン構造をとることが多い. マルチドメイ
ン状態に分極処理を施すことによって, 理想的には結晶中の P_s 方向がすべて同
一の方向にそろったシングルドメイン状態が得られる. ドメイン構造や, ドメイ
ン壁の動きは, 強誘電体の誘電性や強誘電性等の物性と密接に関わっている.

e.　分極ヒステリシス

　強誘電体が示す特徴的な分極ヒステリシス(図 3.24)は, ドメイン構造の変化に
よって説明することができる. 図 3.24 では, 横軸に外部電界 E を, 縦軸に誘起
される分極 P をとったグラフである. また, 図 3.25 は, E 印加時のドメイン構
造の変化を示したモデル図である. 図 3.24 と図 3.25 中の番号は対応している.
　図 3.24 に示す分極ヒステリシスにおいて, 強誘電性に相転移した後, E 印加
前は①にある. これは, $E=0$ でマクロには $P=0$ になっていることを示してい
る. E を正方向に印加していくと, ②の状態を経て, $E > E_c$ を超えると, ③の

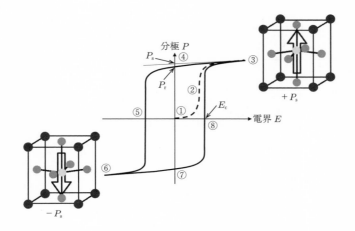

図 **3.24**　強誘電体の分極ヒステリシス曲線
図 3.25 の番号と対応している.

シングルドメイン状態になる. E_c を抗電界といい, 分極反転に必要な E の目安
となる. ③から E を小さくし $E=0$ にすると, ④に移る. $E=0$ の分極を残留分
極 (P_r) といい, 結晶が蓄えた電荷量に相当する. $E=0$ でもシングルドメイン状
態が保持されていれば, $P_r=P_s$ となる. しかし, 一般には**反電場**により, ドメ
インの逆反転が起こるため, $P_r<P_s$ となる分極ヒステリシスが観測される.

　④から E を負方向に印加していくと, $E=-E_c$ で $P=0$ の⑤の状態となる.
さらに, E を負に大きくしていくと, ③とは P_s が逆方向を向いたシングルドメ
イン状態⑥が得られる. ⑥から E を小さくし $E=0$ にすると, ⑦の状態
($P=-P_r$) になる. $|E|>E_c$ の電場により, 結晶のもつ分極状態を, $+P_r$ と
$-P_r$ 間で反転できるのが, 強誘電体の分極ヒステリシスの特徴である. P_s の反
転機能は, 不揮発性メモリとして実用化され, 主に金融系のスマートカードに幅
広く利用されている.

　強誘電体の分極ヒステリシスを, 図 3.25 に示す 180° ドメインの反転モデルで
説明する. 初期の①では, P_s が上向きのドメインと下向きのドメインの体積割
合が等しいため, $P=0$ になる. E を正方向に印加し $E=E_c$ 付近になると, ドメ
イン壁が移動して, E と同方向を向いた P_s が成長する. $E>E_c$ で③のシングル
ドメイン状態になる. $E=0$ の④では, 反電場のため, 結晶の表面や結晶内の欠

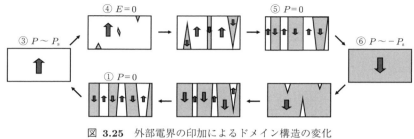

図 **3.25** 外部電界の印加によるドメイン構造の変化
図 3.24 の番号と対応している.

陥が核となって，ドメインの逆反転が起こり，$P_r < P_s$ となる．④から E を負に印加し，E が $-E_c$ 付近になると，逆反転したドメインが成長し，$E = -E_c$ で P_s が上向きと下向きのドメインの体積割合が等しくなり $P = 0$ の⑤の状態となる．さらに，E を負に大きくしていくと，ドメイン壁の移動と成長により，シングルドメイン状態⑥が得られる．

3.3   磁 気 的 性 質

　物質の構成要素である電子，原子核，あるいは中性子はそれぞれ自転に相当する運動(スピン：量子力学的回転)の自由度があり，電子ではさらにその軌道運動自由度があり，それぞれに対して角運動量をもつ．これらスピン，軌道の角運動量に付随して固有の磁気モーメントが生じる．スピン，軌道およびこれらの磁気モーメントの間にはさまざまな相互作用が生じており，この強さが物質の磁気的性質を決定するといってよい．

3.3.1   原子・イオンの磁性

a.   磁性の起源
　磁性に関与する電子の軌道運動および電子スピンに関係する量子数は l(軌道量子数)，m_l(磁気量子数)，m_s(スピン量子数)で，すべてが**角運動量**に関与している．不対電子をもたない原子では，電子が完全に充填された閉殻の電子軌道のみからなるため，原子固有の磁性には寄与しない．一方，電子の局在性が大きい

d, f 軌道において不完全殻をもつ遷移金属元素, 希土類元素, アクチノイドで
は顕著な磁性が発現することから, これらを総称して磁性元素とよぶ.

　固体の磁性を担う磁気モーメントは電子の軌道運動とスピンから生じる. 1 電
子の軌道運動による磁気モーメント μ_l と無次元の軌道角運動量 $\boldsymbol{l}$, およびスピン
磁気モーメント μ_s と無次元のスピン角運動量 $\boldsymbol{s}$ の関係はそれぞれ,

$$\mu_l=-\mu_\mathrm{B}\boldsymbol{l}, \qquad \mu_s=-g\mu_\mathrm{B}\boldsymbol{s} \tag{3.36}$$

で示される. ここで μ_B は Bohr(ボーア)磁子とよばれ,

$$\mu_\mathrm{B}=\frac{\mu_0 e\hbar}{2m} \tag{3.37}$$

で表される. ここで μ_0 は真空の透磁率, m は電子の質量, e は電気素量, $\hbar$ は
Dirac 定数(換算 Planck 定数：$\hbar=h/2\pi=1.055\times10^{-34}$ Js) であり, $\mu_\mathrm{B}=1.17\times$
10^{-29} Wb m の値をとる. g は g 因子とよばれ, 磁気モーメントと角運動量量子
数を関連付けるパラメータであり, 式(3.36)の電子スピンの場合は近似的に～2
となる. ここで誘導される磁気モーメントもベクトルであるが, 角運動量ベクト
ルと逆向きであることに注意を要する[*2].

　結晶を構成する原子やイオンの磁気モーメントには, それがもつすべての電子
の軌道角運動量とスピン角運動量が寄与する. それらの総和として全角運動量 $\boldsymbol{J}$
が定まる. 全角運動量による磁気モーメント μ_J は次式で示される.

$$\mu_J=-g\mu_\mathrm{B}\boldsymbol{J} \tag{3.38}$$

全角運動量 $\boldsymbol{J}$ における g 因子はとくに Landé(ランデ)の g 因子とよばれ,

$$g=\frac{3}{2}+\frac{S(S+1)-L(L+1)}{2J(J+1)}$$

で与えられる.

　単位体積中に含まれる磁気モーメントの総和を磁化 $\boldsymbol{M}$ とよぶ. 外部磁場 $\boldsymbol{H}$ が
加えられたときの磁化と磁場の関係は, 一般的に磁化率 χ により次式となる[*3].

$$\boldsymbol{M}=\chi\boldsymbol{H} \tag{3.39}$$

磁束密度 $\boldsymbol{B}$ は $\mu\boldsymbol{H}$(μ：透磁率)で表されるが, 磁性体では次式となり, 3.2 節の式

[*2] 軌道角運動量 $\hbar\boldsymbol{l}$ の大きさは, 軌道角運動量量子数を l として $\hbar l$ で表せられ, スピン角運動
量 $\hbar\boldsymbol{s}$ の大きさは, スピン角運動量量子数を s として $\hbar s$ で表せられる.

[*3] ここでは MKSA 単位系を用いて, 磁化 $\boldsymbol{M}$ の単位を[Wb m^{-2}]($=$[T]：テスラ)とする. 磁
場の単位は[A m^{-1}]であるので, χ の単位は[H m^{-1}](H：ヘンリー)となる. なお, 磁化の単
位を[J T^{-1} m^{-3}]$=$[A m^{-1}]とする国際単位系(SI 単位系)では, χ は無次元である.

(3.30)と同様の関係となる.

$$B = \mu_0 H + M \tag{3.40}$$

μ_0 は真空の透磁率である.

b. 全角運動量の合成

軌道角運動量量子数 l の各軌道はスピン状態の異なる(上向き↑, 下向き↓)最大2個までの電子により占有され, その占有の仕方は $2(2l+1)$ 通りある. どの軌道が選択されるかは, 軌道を占有した電子間にはたらく三つの相互作用, すなわち Pauli(パウリ)の原理と静電相互作用に基づく① 軌道-軌道相互作用, ② スピン-スピン相互作用, および電子の軌道運動により生じる磁場とスピン磁気モーメントとの相互作用である③ スピン-軌道相互作用, に基づく規則に従う.

スピン-軌道相互作用が弱い場合, ある原子またはイオンの全軌道角運動量 L と全スピン角運動量 S は, ①, ②の相互作用により, 個々の電子の l_i および s_i から,

$$L = \sum_i l_i, \qquad S = \sum_i s_i \tag{3.41}$$

と合成される. 閉殻の内殻電子の軌道角運動量, スピン角運動量の総和はそれぞれ0であるから, L, S の大きさを L, S とすると, L, S はそれぞれ不完全殻に入った d(あるいは f)電子の磁気量子数 m_l, スピン量子数 m_s の総和となる.

3d 軌道のように縮退した軌道が複数ある場合, 基底状態(最低エネルギー状態)では, ①, ②の相互作用により, 電子は Hund(フント)の規則に従って軌道を占有する. すなわち, 同じエネルギーの軌道が二つ以上あるときは, 電子はスピンが平行になるように別々の軌道に入る. これは, S が最大になるような電子の配置となり, この配置が複数ある場合には L が最大になるような電子の配置となる.

全角運動量 J は L と S により合成された,

$$J = L + S \tag{3.42}$$

となる. このような, J の形成を **Russell–Saunders**(ラッセル・サンダーズ)**結合**(または LS 結合)とよぶ. 原子の全磁気モーメント μ_J は, $g=2$ を入れて次式となる.

$$\mu_J = -\mu_B(L + 2S) \tag{3.43}$$

一方, スピン-軌道相互作用が強い場合は, 個々の電子 i の軌道角運動量 l_i およびスピン角運動量 s_i がまず結合して合成角運動量 $j_i = l_i + s_i$ を形成し, その合

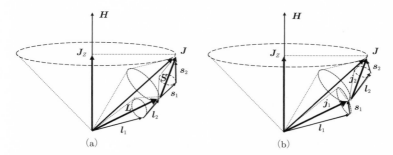

図 3.26　電子 1, 2 をもつ原子の全角運動量 J の形成
（a）Russel-Saunders 結合．個々の電子 1, 2 の成分から合成された
軌道角運動量 L およびスピン角運動量 S により，全角運動量 J が形
成される．L, S が J の周りを歳差運動する．
（b）jj 結合．個々の電子の角運動量 j_i が合成され，それらの結合に
より全角運動量 J が形成される．j_1, j_2 が J の周りを歳差運動する．

成により全角運動量 J が決定される．すなわち，

$$J = \sum_i j_i \tag{3.44}$$

となる．このような J の形成を **jj 結合** とよぶ．

　図 3.26 に Russell-Saunders 結合（a）と jj 結合（b）の概念図を示す．Russell-Saunders 結合では L, S が結合した J が保存量となる．jj 結合では L, S は定まらず j_i が結合した J が保存量となる．ともに μ_J は J の周囲を歳差運動している．現実の系では，原子番号が増えるにつれてスピン-軌道相互作用が大きくなり，Russell-Saunders 結合から jj 結合へと推移する傾向がある．

3.3.2　常磁性，反磁性

a.　常磁性，磁場と磁化の関係

　固体中に不対電子をもつ原子やイオンが存在している場合，不対電子に起因する磁気モーメントをもつ．磁気モーメント間の相互作用が弱く磁気的秩序（3.3.3項参照）を示さない場合，外部磁場がないときには磁気モーメントの向きは熱で乱され無秩序であり，固体全体での磁化は 0 になっている．ここに磁場が与えられるとその方向に磁気モーメントがそろい，磁場と同じ方向に磁化が生じる．このような磁性を**常磁性**とよぶ．式(3.39)より，磁化率は正の値をとる．

　以下，常磁性を定量的に考察する．磁場 $\boldsymbol{H}$ の印加は空間の特定の方向を区別することになり，原子の全角運動量 $\boldsymbol{J}$ の方向量子化が起こる．全角運動量 $\boldsymbol{J}$ による磁気モーメント $\boldsymbol{\mu}_J$ をもつ原子のエネルギー E_J は次式で示される．

$$E_J = -\boldsymbol{\mu}_J \cdot \boldsymbol{H} = g\mu_\mathrm{B} \boldsymbol{J} \cdot \boldsymbol{H} \tag{3.45}$$

以下では，$\boldsymbol{J}$ の磁場方向（z 方向）成分 J_z のみを考慮し，$\boldsymbol{J}$ の大きさを J とする．J_z は $-J$ から $+J$ までの値をとることができるため，N 個の原子の系が温度 T で熱平衡にある条件で，磁場 $\boldsymbol{H}$ 下での磁化 $\boldsymbol{M}$ の平均を求めると，

$$M = \frac{N \sum_{J_z=-J}^{J} (-g\mu_\mathrm{B} J_z) \exp\left(-\dfrac{g\mu_\mathrm{B} J_z H}{k_\mathrm{B} T}\right)}{\sum_{J_z=-J}^{J} \exp\left(-\dfrac{g\mu_\mathrm{B} J_z H}{k_\mathrm{B} T}\right)} = N g\mu_\mathrm{B} J \cdot B_J\left(\frac{g\mu_\mathrm{B} J H}{k_\mathrm{B} T}\right) \tag{3.46}$$

で与えられる．ここで g は Landé の g 因子，k_B は Boltzmann 定数である．ここで，$B_J(x)$，$x = \dfrac{g\mu_\mathrm{B} J H}{k_\mathrm{B} T}$ は Brillouin（ブリルアン）関数とよばれ，

$$B_J(x) = \frac{2J+1}{2J} \coth \frac{2J+1}{2J} x - \frac{1}{2J} \coth \frac{1}{2J} x \tag{3.47}$$

で与えられる．$B_J(x)$ は $x \to \infty$ で $B_J(x) = 1$，$x \sim 0$ で $B_J(x) = \dfrac{J+1}{3J} x$ と近似される．T が一定下で磁場 $H \to \infty$（すなわち $x \to \infty$）では，磁化 M は飽和して次式で示される．

$$M = N g\mu_\mathrm{B} J \tag{3.48}$$

また，磁場 $H \sim 0$（$x \sim 0$）では，磁化 M および磁化率 χ は次式となる．

$$M = \frac{CH}{T}, \qquad C = \frac{N g^2 \mu_\mathrm{B}{}^2 J(J+1)}{3 k_\mathrm{B}} \tag{3.49}$$

$$\chi = \frac{C}{T} \tag{3.50}$$

式（3.50）は常磁性体の磁化率の温度特性を表し，**Curie の法則**とよばれる．また C は Curie 定数とよばれる．逆磁化率 χ^{-1} は温度 T と直線関係にあり，その傾きは $1/C$ となる．C に含まれる量のうち，

$$\mu_\mathrm{eff} = g\sqrt{J(J+1)} \tag{3.51}$$

を有効 Bohr 磁子数とよび，1 原子あたりの磁気モーメントの大きさ（Bohr 磁子単位）に対応している．図 3.27 に各種常磁性物質の磁化曲線（イオン 1 個あたりの磁気モーメントの磁場依存性）を示す．式（3.46），（3.47）とよい一致がみられる．

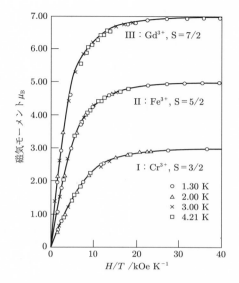

図 **3.27**　Ⅰ：クロムミョウバン，Ⅱ：鉄ミョウバン，Ⅲ：硫酸ガドリニウム 8 水塩における磁性イオン 1 個あたりの磁気モーメントの H/T の関係（T：絶対温度）磁場は CGS 単位系で示されている（$1\,Oe = 79.6\,A\,m^{-1}$）.高磁場で曲線は飽和し，予想される磁気モーメントの値に収束する.
W. E. Henry, *Phys. Rev.* **1952**, *88*, 559.

b.　結晶場の影響

　上記のように不対電子をもつ原子，イオンは 1 個の磁石として振る舞うが，それらが集合して結晶を形成した場合は磁性イオンどうしの相互作用（電子の交換など）が生じ，磁化特性にさまざまな変化が生じる.　ここでは結晶場の影響を述べる.

　磁性原子が結晶中にある場合，その電子軌道は一つの原子だけでなく近接するイオンからの影響を受け，分裂する.　たとえば，ペロブスカイト構造のような遷移金属イオン M が酸素八面体で取り囲まれる構造（酸素 6 配位の構造）では，M の 3d 軌道はエネルギーの高い二重縮退の e_g 軌道とエネルギーの低い三重縮退の t_{2g} 軌道に分裂している.　図 3.28 に例として，d^6（たとえば Fe^{2+} や Co^{3+}）の 3d 軌

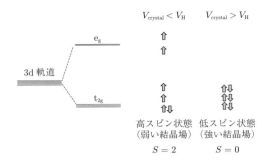

図 **3.28**　$d^6(Fe^{2+}, Co^{3+})$ の正八面体場における d 軌道の分裂状態

道の分裂状態を示す．Hund の規則からは，t_{2g} 軌道に 4 個，e_g 軌道に 2 個の電
子が入る．この状態を高スピン状態とよぶ．周囲の原子から受ける静電ポテン
シャル $V_{crystal}$ による利得が Hund の規則を満たすことによるエネルギー利得 V_H
を上回る場合，電子は t_{2g} 軌道に 6 個入った低スピン状態になる．同じ d 電子 6
個の系でも低スピン状態では全スピン $S=0$，高スピン状態では $S=2$ となり，磁
気的性質が大きく異なってくる．

　d 軌道（とくに 3d 軌道）は外殻にあって，電子は結晶場の影響を強く受けるた
め，d 軌道の縮退は解けている．すなわち，電子は空間的に一定な軌道をとらな
い．そのため，軌道角運動量の平均は 0 になることが知られている．これを**軌道
角運動量の消失**という．このとき，全角運動量はスピン S のみに依存し，有効
Bohr 磁子数は，

$$\mu_{eff} = 2\sqrt{S(S+1)} \tag{3.52}$$

で表される．表 3.1 に主な磁性イオンの有効 Bohr 磁子数 μ_{eff} の計算値と Curie
則から求めた実験値を示す．比較すると，3d 電子系では軌道角運動量が消失し
て，μ_{eff} の大きさがほぼ電子スピンの寄与だけになっていることがわかる．

　一方，希土類イオンでは不対電子の存在する 4f 軌道が内殻に存在するため，
結晶場の影響をあまり受けず，軌道角運動量の消失は生じない．そのため，軌道お
よびスピン角運動量を合成した全角運動量で磁気モーメントを考える必要がある．

表 **3.1**　第4周期遷移金属イオンにおける有効 Bohr 磁子（単位：μ_B）の理論値と実験値の比較

電子構造	イオン	実験値	$g_J\sqrt{J(J+1)}$	$\sqrt{4S(S+1)}$
$3d^1\,{}^2D_{3/2}$	Ti^{3+}		1.55	1.73
$3d^2\,{}^3F_2$	V^{3+}	2.8	1.63	2.83
$3d^3\,{}^4F_{3/2}$	Cr^{3+}	3.7	0.77	3.87
$3d^4\,{}^5D_0$	Mn^{3+}	5.0	0	4.90
$3d^5\,{}^6S_{5/2}$	Fe^{3+}	5.9	5.92	5.92
$3d^6\,{}^5D_4$	Fe^{2+}	5.4	6.70	4.90
$3d^7\,{}^4F_{9/2}$	Co^{2+}	4.8	6.54	3.87
$3d^8\,{}^3F_4$	Ni^{2+}	3.2	5.59	2.83
$3d^9\,{}^2D_{5/2}$	Cu^{2+}	1.9	3.55	1.73
$4f^1\,{}^2F_{5/2}$	Ce^{3+}	2.5	2.54	
$4f^5\,{}^6H_{2/5}$	Sm^{3+}	1.5	0.84	
$4f^7\,{}^8S_{7/2}$	Gd^{3+}	7.9	7.94	
$4f^{10}\,{}^5I_8$	Ho^{3+}	10.5	10.60	
$4f^{13}\,{}^2F_{7/2}$	Yb^{3+}	4.5	4.54	

金森順次郎，新物理学シリーズ7　磁性，培風館，**1969**，p. 31.

c. 反磁性

　閉殻構造をとる原子・イオンからなる物質では，すべての電子軌道が反対方向のスピンをもった2個の電子で満たされているため，軌道およびスピンによる角運動量は互いに打ち消し合い合計が0となるため，原子固有の磁気モーメントをもたない．しかし，磁場を印加すると閉殻電子軌道内の誘導磁場のため，磁場と反対方向にわずかな磁気モーメントを生じる．この現象を反磁性という[*4]．原子核の周囲に電子が球対称に分布する場合では，生じる磁化 M_{dia} は次式で示される．

$$M_{dia} = -\frac{\mu_0{}^2 N n e^2 H}{6m}\langle r^2\rangle \tag{3.53}$$

ここで N は物質を構成する原子数，n は1原子あたりの電子数，m は電子の有効質量である．ここで $\langle r^2\rangle$ は原子核–電子間距離の2乗の平均値であるから，

＊4　このほか，超伝導状態の物質にあっては磁場印加による遮蔽電流により磁場と逆向きの磁化が誘導されて印加磁場を打ち消し，磁束線を物質内部からはじき出す効果（Meißner-Ochsenfeld（マイスナー・オクセンフェルト）効果）が知られている．

原子番号の大きな原子ほど反磁性磁化は大きくなる．また，反磁性磁化は温度に依存しない．

3.3.3　磁気的秩序による磁性：強磁性，反強磁性，フェリ磁性

　原子・イオン固有の磁気モーメントが相互作用により秩序状態をとり，それにより生じる磁性が強磁性，反強磁性，フェリ磁性である．大きな磁化が現れるのは強磁性，フェリ磁性である．その秩序状態の原動力になっているのが交換相互作用と超交換相互作用である．

a.　強磁性

　外部磁場がない場合でもすべての磁気モーメントが同じ方向を向いて配列しており，これにより生じる磁性を強磁性，強磁性を示す固体を強磁性体という．また，強磁性体において，外部磁場の印加なしに現れる磁化を自発磁化という．

　強磁性体の磁気モーメントの配列は，常磁性体に結晶内の原子がつくる有効磁場 H_{eff} が常に加わった状態とみることができる．常磁性体では磁場と磁化は比例するため，その比例定数を λ とすると $H_{\text{eff}} = \lambda M$ となる．常磁性磁化率を χ_{p} とすると強磁性体の磁化 M は次式で示される．

$$M = \chi_{\text{p}}(H + H_{\text{eff}}) = \chi_{\text{p}}(H + \lambda M) \tag{3.54}$$

また，Curie の法則から $\chi_{\text{p}} = C/T$（C：Curie 定数）であるので，強磁性体の磁化率 χ_{m} は次式となる．

$$\chi_{\text{m}} = \frac{M}{H} = \frac{C}{T - \lambda C} = \frac{C}{T - T_{\text{C}}} \tag{3.55}$$

これを **Curie-Weiss**（キュリー・ワイス）**の法則**といい，T_{C} は **Curie 温度**とよばれる．

　強磁性体では，温度が高くなると熱エネルギーが磁気的相互作用に打ち勝って，常磁性体に変わる．その変化が生じる温度が Curie 温度である．そのため，式(3.55)は Curie 温度以上での磁化率の挙動を表している．Curie 温度を含む温度領域での磁化率と温度の関係を模式的に示すと，図 3.29(a)となる．

　強磁性体では，外部磁場の印加に対して磁化が図 3.29(b)のようなヒステリシスを描く磁化曲線を示す[*5]．磁場を加えていくと磁化は増加し，やがて一定値となる．これを飽和磁化 M_{s} という．磁場を減少させ 0 としたときでも残っている

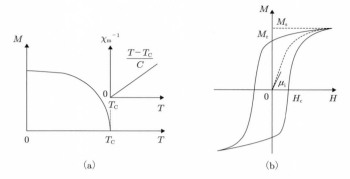

図 3.29　強磁性状態の(a)M-T曲線および(b)M-H曲線
μ_i は初期透磁率.

磁化を残留磁化 M_r,磁化の符号を反転させるために必要な磁場を保持力(または抗磁力)H_cという.

b. 反強磁性とフェリ磁性

　磁気的相互作用により,同じ大きさ・同じ数の隣接する磁気モーメントが反平行に配列し,全体として磁性が現れないものを反強磁性という.強磁性体と同じように,反強磁性体も温度が高くなると常磁性体に変わる.その変化が生じる温度を **Néel**(ネール)**温度** T_N という.T_N 以下では,温度の低下に伴い磁気モーメントの反平行配列が進むので,磁化は小さくなる(外部磁場が磁気モーメントと同方向に加えられている場合).

　反強磁性と同じように隣接する磁気モーメントが反平行に配列していても,磁気モーメントの大きさや数が異なるときには,磁気モーメントの総和が0にならない.このような磁性をフェリ磁性という.

　図 3.30 に常磁性,強磁性,反強磁性,フェリ磁性の磁化率 χ の逆数(逆磁化率 χ^{-1})の温度依存性を示す.逆磁化率は何れも高温では常磁性と同じ直線的変化を示し,直線を延長して $1/\chi=0$ となる温度が,強磁性では T_C となる.

　＊5　実用的な磁性材料の特性には,磁束密度と磁場の関係を示す **B-H** 曲線が多く用いられる.全体の形状は同様である.

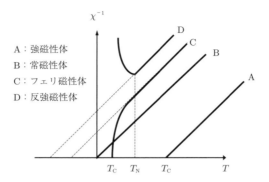

図 3.30　各種磁性体の逆磁化率(χ^{-1})–温度(T)曲線

c.　交換相互作用と超交換相互作用

　強磁性体などにみられる磁気的秩序の主要因の一つは，スピン磁気モーメント間にはたらく交換力という量子力学的な交換相互作用である．原子が結合した結晶では，電子の交換に伴う波動関数の重なりが生じるが，その軌道上の電子分布はPauliの原理のためスピンの向きに依存する．そのため，電子分布で決まる静電相互作用のエネルギーは隣接する原子のスピン角運動量に影響される．いま，隣接する二つの磁性原子それぞれがもつ合成スピンを $\boldsymbol{S}_a$, $\boldsymbol{S}_b$ とすると，相互作用 H は，交換エネルギーとして，

$$H = -2J_{ab}\boldsymbol{S}_a\boldsymbol{S}_b \tag{3.56}$$

と表される．J_{ab} は交換積分とよばれ，$J_{ab}>0$ のとき $\boldsymbol{S}_a$ と $\boldsymbol{S}_b$ は同方向，$J_{ab}<0$ では反対方向をとるほうが安定となる[*6]．この相互作用が強い場合，それぞれ強磁性配列，反強磁性配列が生じる．

　イオン結晶のような磁気モーメントをもつ陽イオンの間に磁気モーメントをもたない陰イオンが存在する場合には，上記の交換相互作用では磁性イオン間の磁気モーメントの配列を説明できない．この場合には陰イオンを介した電子の交換による相互作用が生じる．これを超交換相互作用とよぶ．図3.31に示すような磁性イオン M1，M2 の間に非磁性陰イオン X がある場合の相互作用を考える．

＊6　磁性原子 a，b の軌道関数 ϕ_a, ϕ_b が直交する場合は必ず $J_{ab}>0$ であるが，直交しない場合は負の値もとり得ることが知られている．

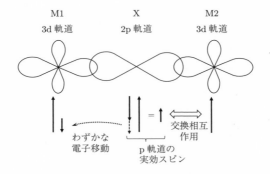

図 **3.31**　磁性イオン M1，M2–陰イオン X 間の電子移動
　　　　：超交換相互作用
　　　　本図は，M1 と M2 の磁気モーメントの方向が
　　　　平行となる正の超交換相互作用を示す．

閉殻の陰イオン X から下向きスピンの電子が M1 へ移動すると，X のスピンは
M1 へ移動した分だけ下向きの成分が減り，X 全体では上向きスピンを生じる．
この誘導された上向きスピンが隣の M2 と交換相互作用がはたらくことにより，
間接的に M1 と M2 が相互作用をすることになる．超交換相互作用における相互
作用の強さは，交換相互作用の強さと同じ形式の次式になる．

$$H = -2J_{\mathrm{eff}} \boldsymbol{S}_\mathrm{a} \boldsymbol{S}_\mathrm{b} \tag{3.57}$$

ただし，J_{eff} の大きさ，符号は交換積分 J_{ab} とは異なり，結晶場，波動関数の対
称性，交換経路などに依存する．超交換相互作用によるスピンの配列には以下の
Goodenough–金森則が知られている．

A. 磁性イオンと陰イオンの並びが直線に近い（∠M1–X–M2 が 180°に近い）とき，
　A-1：同種の磁性イオン間では反平行（$J_{\mathrm{eff}} < 0$）
　A-2：一方の磁性イオン（たとえば M1）の d 電子数が半閉殻より多く（> 5），
　　　　M2 が半閉殻より少ない（< 5）の場合は平行（$J_{\mathrm{eff}} > 0$）
B. 磁性イオンと陰イオンの並びが直角に近い（∠M1–X–M2 が 90°に近い）とき，
　B-1：同種の磁性イオン間では平行．ただし d^5（Fe^{3+}，Mn^{2+} など）は除く
　B-2：異種のイオン間では反平行

3.3.4 磁 性 材 料

　磁性材料として応用される物質の多くは残留磁化を有する強磁性体もしくはフェリ磁性体で，電気的に絶縁体である酸化物がその大多数を占める．磁性体酸化物を結晶構造で分類すると，スピネル系，ガーネット系，マグネトプランバイト系が代表的で，その他コランダム型，ペロブスカイト型，ルチル型，岩塩型構造においても興味ある磁性を発現する．

a. スピネル系磁性材料

　代表的な物質としてFeを含むスピネル型構造をとる化合物のフェライトがある．基本の組成式は MFe_2O_4（M=Mn，Fe，Co，Ni，Cu，Zn，Mg など）であり，多くの場合，M は2＋，Feは3＋の酸化数をもつ．図 3.32(a)にその結晶構造を示す．スピネル構造の単位格子内には酸素4配位位置（8a サイトまたは A サイトとよび，（ ）で表す）に8個，6配位位置（16d サイトまたは B サイトとよび，[ ]で表す）に16個の金属イオンが配置される．酸素配位数の少ない8a サ

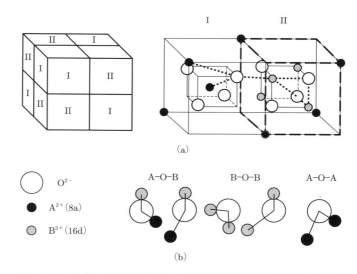

図 **3.32** スピネル型構造酸化物の(a)結晶構造（右図は I，II 部分）と(b)イオンの配置

イトを M が，配位数が多い 16d サイトを Fe が占めるものを正スピネルとよぶ
（（M^{2+}）［Fe^{3+}］$_2O_4$ と表される）．一方，Fe の半分が 8a サイト，M と残りの Fe
が 16d サイトを占めるものを逆スピネルとよぶ（（Fe^{3+}）［M^{2+}, Fe^{3+}］O_4）．フェリ
磁性を示すスピネル系酸化物の多くは逆スピネルの構造をとる．3.3.3 項 c. の
Goodenough-金森則により，磁性イオン M1，M2 の d 電子数や非磁性の酸化物
イオンを介した結合角 ∠M1-O-M2 に依存して，スピン配列が平行もしくは半
平行配置をとる．スピネル型構造（（A^{2+}）［B^{3+}］$_2O_4$）を磁性イオンの配置に注目し
て見直してみると図 3.32（b）のようになる．結合角 ∠A-O-B は，∠A-O-A や
∠B-O-B に比較して 180°に近いため，A-B 間相互作用は負の超交換相互作用
（$J_{\text{eff}}<0$）がはたらきスピン配置は反平行となる．一方で，∠A-O-A または ∠B-
O-B は同種イオンどうしであり角度が 90°に近いため，平行配置をとる．この
ため，スピン配列の様子は，逆スピネル型フェライトで，

$$(\overleftarrow{Fe^{3+}})[\overrightarrow{M^{2+}}, \overrightarrow{Fe^{3+}}]O_4$$

となる．3d 軌道をもつイオンではスピン S のみを考慮すればよいので，高磁場，
低温でのイオン 1 個あたりの磁気モーメントは $2S\mu_B$ と近似される（式（3.43），
（3.48）参照）．Fe^{3+} は d_5 で 1 個あたり $5\,\mu_B$ の磁気モーメントをもち，M^{2+} のそ
れが $n\,\mu_B$ とすると，Fe^{3+} の分のモーメントは打ち消され，1 化学式あたりの磁
気モーメントは，$\{(5+n)-5\}\mu_B=n\mu_B$ となる．$M^{2+}=Fe^{2+}$ である Fe_3O_4 の場合，
Fe^{2+} は d_6 であるから $n=4$ で $4\,\mu_B$ の飽和磁気モーメントが予想される．実際，
Fe_3O_4 の飽和磁気モーメントは 1 化学式あたり $4.2\,\mu_B$ の近い値をとる[*7]．

　また，図 3.33 に示すように，フェリ磁性のフェライトと Zn フェライトなどの
反強磁性フェライトの固溶体では，単独のフェリ磁性体よりも磁気モーメントが
大きくなることがある．たとえば，Fe_3O_4（逆スピネル）に x mol ％ の $ZnFe_2O_4$
（正スピネル）を固溶させたとき，化学式とスピン配列は，

$$(Zn^{2+}\overrightarrow{Fe^{3+}}_{1-x})[\overleftarrow{Fe^{2+}}_{1-x}\overleftarrow{Fe^{3+}}_{1+x}]O_4$$

である．1 化学式あたりの磁気モーメントは，$\{4(1-x)+5(1+x)-5(1-x)\}\mu_B=$
$(4+6x)\mu_B$ となり，x の増加とともに磁気モーメントも増大することがわかる．

　スピネル系磁性材料は一般に残留磁化が大きく，保持力が小さい．すなわち，
透磁率が大きい．これらは軟磁性材料とよばれ，磁気記録やトランス用などさま

　[*7]　予想と実測とのずれは，完全な逆スピネルになっていないことや，軌道角運動量が完全には
　　　消失していないことが原因と考えられる．

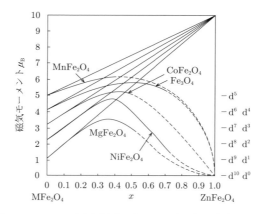

図 3.33　フェライト固溶体 $x(ZnFe_2O_4) + (1-x)(MFe_2O_4)$
の磁気モーメント
E.W. Gorter, *Philips Res. Rept.* **1954**, *9*, 321.

ざまな用途に利用されている.

b.　ガーネット系磁性材料

　Fe^{3+} イオンと希土類イオンを含む立方晶ガーネット型構造酸化物もフェリ磁性を示す. 組成式は $R_3Fe_2(FeO_4)_3$ または $R_3Fe_5O_{12}$(R=Y, Sm, Eu, Gd, Tb, Dy, Ho, Er, Tm, Lu など)で示され, 図3.34 に示す構造の単位格子中に 64 個の陽イオン, 96 個の酸化物イオンを含む. そのうち Fe^{3+} イオンは酸素 4 配位位置(24d サイト)と酸素 6 配位位置(16a サイト)を占めている. R^{3+} は酸素 8 配位位置(24c サイト)を占めるが, 希土類イオンと酸化物イオンの大きさが近いため, 歪んだ配位構造をしている. 24d と 16a の Fe^{3+} は互いに $J_{eff}<0$ の負の強い超交換相互作用により反平行のスピン配列をとるが, 一方で 24d サイトの 8 個分の過剰のスピン磁気モーメント $(24-16)\times5=40~\mu_B$ が残る. このモーメントが 24c 位置の希土類イオンとゆるく反平行に結合して全磁気モーメントを決定している. Fe_{3d}-R_{4f} の超交換相互作用が弱いのは, 4f 電子の 5s, 5p 電子による遮蔽の効果が大きいためである. この物質系において, 24d と 16a の Fe による部分格子磁化を M_{Fe} とすると, R による磁化 M_R は Fe による磁界と外部磁場 H により起こるため $M_R=\chi(\omega M_{Fe}+H)$($\chi$：磁化率, ω：分子場係数)となり, 全体の

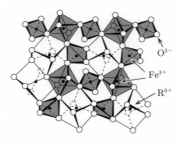

図 **3.34**　ガーネット型構造模式図
Fe^{3+} イオンは酸素 4 配位位置と酸素 6 配位
位置(影を付けた多面体の中央)を占める.

磁化 **M** は,

$$M＝M_{Fe}＋M_R＝M_{Fe}(1＋\chi\omega)＋\chi H \tag{3.58}$$

となる. 第 1 項が自発磁化を表し, 第 2 項は飽和領域における磁化の増加分である.

c.　ペロブスカイト系磁性材料

　ペロブスカイト型構造(ABO$_3$)磁性体は, 大きな半径の A イオンを頂点に, 面心位置に酸化物イオンを配した fcc 構造の中心に磁性イオン(B イオン)を挿入した構造である. ∠B-O-B は 180°, A イオンが磁性イオンの場合では ∠A-O-B は 90°で何れも磁性イオンどうしは反強磁性的相互作用が予想され, 実際, Mn 系ペロブスカイト AMnO$_3$(A=Ca, Sr, Ba), LaMnO$_3$ は何れも反強磁性を示す. ところが, これらの固溶体(La, Sr)MnO$_3$ を形成し Mn^{3+}/Mn^{4+} の混合原子価状態とすると, 強磁性が出現する. 固溶体では Mn の狭いバンドにおいて電子が移動できるため導電性を有するが, その際スピンの方向が保存される. 一方で, Hund 則により Mn イオンのスピンは高スピン状態をとり, 互いに平行なため, 移動してきた電子スピンと Mn イオンのスピン間の相互作用により, Mn イオンのスピンの方向をそろえた強磁性状態のほうが安定になる(図 3.35). このように伝導電子を介する磁気的相互作用を**二重交換相互作用**という. LaMnO$_3$-SrMnO$_3$ 系では Mn^{4+} の比率(＝Sr 比率)が約 15〜40% の範囲で完全に強磁性的にスピンを配列させたときの理論値と実験値によい一致を示すことがわかっている.

　その他酸化物に限らず, 強磁性を示す材料は合金系, 金属間化合物など広く存

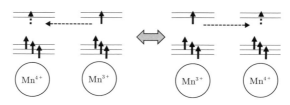

量子力学的共鳴状態

図 **3.35**　LaMnO₃-SrMnO₃ でみられる二重交換相互作用
電子の移動によるスピン間相互作用により，
隣接する Mn³⁺ と Mn⁴⁺ のスピンが平行になる.

在する．詳しくは成書[3]~[6]を参照されたい．

3.4　光 学 的 性 質

3.4.1　物質の誘電応答

　物質中には束縛された電子やイオンが多数存在する．これらをばねで束縛され
た電荷の集まりとみなすモデルを **Lorentz**（ローレンツ）モデルという．個々の
電荷 q の運動方程式は，電荷の質量を m，位置を x，摩擦力の比例定数を Γ，固
有振動数を ω_0 すると

$$m\left(\frac{\mathrm{d}^2x}{\mathrm{d}t^2}+\Gamma\frac{\mathrm{d}x}{\mathrm{d}t}+\omega_0{}^2x\right)=qE(t) \tag{3.59}$$

と書かれる．ここで，電場として $E(t)=\mathrm{Re}[\tilde{E}(\omega)\exp(-i\omega t)]$ を加えたときの応
答 $x(t)=\mathrm{Re}[\tilde{x}(\omega)\exp(-i\omega t)]$ について考える．〜（チルダ）の付いた変数は計算
の便宜上複素数として扱い，その絶対値は振幅，偏角は位相を表す．また，実際
の物理量は実部のみであるが，以後は簡略化のために $\mathrm{Re}[\cdots]$ の記号を省略する．
式(3.59)に代入すれば，上記電場に対する電荷の応答として，

$$\tilde{x}(\omega)=\frac{q}{m(\omega_0{}^2-\omega^2-i\omega\Gamma)}\tilde{E}(\omega) \tag{3.60}$$

が得られる．電荷が単位体積あたり N 個ある場合には，分極の大きさは
$P=qxN$ で与えられ，電場と分極の間の比例定数 $\tilde{\chi}(\omega)=\tilde{P}(\omega)/\varepsilon_0\tilde{E}(\omega)$ を**複素電
気感受率**とよぶ．Lorentz モデルの場合には複素電気感受率は，

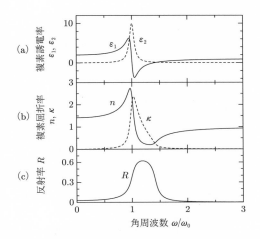

図 3.36　Lorentz モデルに基づく (a) 複素誘電率，
(b) 複素屈折率，(c) 反射率の角周波数依存性
$\Gamma = 0.1\omega_0$.

$$\tilde{\chi}(\omega) = \frac{Nq^2}{\varepsilon_0 m(\omega_0{}^2 - \omega^2 - i\omega\Gamma)} \tag{3.61}$$

と書かれる．より一般には物質は異なる固有振動数をもつ振動子の集まりであり，たとえば電子の応答に由来するものは主に可視〜紫外領域，結晶の格子振動や分子の振動に由来するものは赤外領域，分子の回転運動に由来するものはマイクロ波領域に現れる．固有振動数 ω_j の振動子が f_j の割合で含まれているとし，**複素誘電率** $\bar{\varepsilon}(\omega) = \varepsilon_1 + i\varepsilon_2 = \varepsilon_0(1 + \tilde{\chi}(\omega))$ の形で書き直すと，

$$\bar{\varepsilon}(\omega) = \varepsilon_0 + \sum_j \frac{Nq^2 f_j}{m(\omega_j{}^2 - \omega^2 - i\omega\Gamma_j)} \tag{3.62}$$

となる．いま，ある固有周波数 ω_j をもつ振動子に着目すると，図 3.36(a) に示すように吸収を表す虚部 ε_2 は ω_j 近傍に幅 Γ のピークをもち，実部 ε_1 は分散型の曲線となる．周波数が十分に低い領域 $\omega \ll \omega_j$ ではこの振動子は誘電率を $Nq^2 f_j / m\omega_j{}^2$ だけ増加させる．このことから，物質の静的な誘電率は固有振動数の低い振動子が数多く存在するほど大きくなる．一方，十分に高い周波数領域 $\omega \gg \omega_j$ では振動子は電場に追従しないため，$\bar{\varepsilon}(\omega)$ に寄与しない．

金属やドープされた半導体中に存在する伝導電子に対してはとくに復元力が存

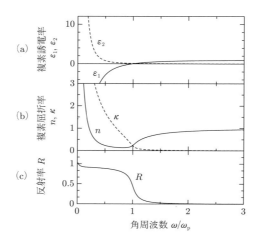

図 3.37　Drude モデルに基づく(a)複素誘電率,
(b)複素屈折率,　(c)反射率の角周波数依存性
$\Gamma=0.1\omega_\mathrm{p}$.

在しないため,式(3.62)において $\omega_j=0$ として,

$$\tilde{\varepsilon}(\omega)=\varepsilon_0-\frac{q^2N}{m^*V\omega(\omega+i\Gamma)} \tag{3.63}$$

が得られる(図 3.37(a)).ここで,質量は固体中キャリアの有効質量 m^* に置き換えた.このようなモデルを**Drude**(ドルーデ)**モデル**という.さらに**プラズマ周波数** $\omega_\mathrm{p}=(q^2N/\varepsilon_0m^*V)^{1/2}$ を定義すると,$\omega\gg\Gamma$ の領域では式(3.63)は,

$$\tilde{\varepsilon}(\omega)=\varepsilon_0\left(1-\frac{\omega_\mathrm{p}^2}{\omega^2}\right) \tag{3.64}$$

と近似できる.この式からわかるように $\omega<\omega_\mathrm{p}$ では誘電率は負の実数となる.

3.4.2　光の吸収・反射・透過

物質に小さな振動電場 $\tilde{E}(\omega)\exp[i(kx-\omega t)]$ を加えることを考える.真電荷・電流がないときの物質中の Maxwell(マクスウェル)方程式は,

$$\nabla\cdot\boldsymbol{D}=0 \tag{3.65a}$$

$$\nabla\cdot\boldsymbol{B}=0 \tag{3.65b}$$

$$\nabla \times \boldsymbol{E} = -\partial \boldsymbol{B}/\partial t \tag{3.65c}$$

$$\nabla \times \boldsymbol{H} = \partial \boldsymbol{D}/\partial t \tag{3.65d}$$

と書かれ，$\boldsymbol{D} = \bar{\varepsilon}\boldsymbol{E}$ は電束密度，$\boldsymbol{B} = \mu_0\boldsymbol{H}$ は磁束密度，$\boldsymbol{H}$ は磁場，μ_0 は真空の透磁率である．これらの式から $\boldsymbol{D}, \boldsymbol{B}, \boldsymbol{H}$ を消去すれば以下の**波動方程式**が得られる．

$$\nabla^2 E - \bar{\varepsilon}\mu_0(\partial^2 E/\partial t^2) = 0 \tag{3.66}$$

ここに $\widetilde{E}(\omega)\exp[i(\tilde{k}x - \omega t)]$ を代入すると，角周波数と波数との間には関係式

$$\tilde{k}^2 = \bar{\varepsilon}\mu_0\omega^2 \tag{3.67}$$

が得られる．ここで $\tilde{k} = k_1 + ik_2$ は複素数であるが，このとき**電磁波**の形は $\widetilde{E}(\omega)\exp[i(k_1x - \omega t) - k_2x]$ となり，虚部 k_2 は実際には振幅の減衰を表すことがわかる．さらに**複素屈折率** $\tilde{n} = n + i\kappa = (\bar{\varepsilon}/\varepsilon_0)^{1/2} = \tilde{k}c/\omega$ を定義すれば，電場は $\widetilde{E}(\omega)\exp\{i[(n\omega/c)x - \omega t] - (\kappa\omega/c)x\}$ と書かれるため，複素屈折率の実部 n は波の波数(波長)を決め，虚部 κ は減衰の速さを決める．n を**屈折率**，κ を**消衰係数**とよぶ．このとき光の強度は $I(x) \propto \exp(-\alpha x)$ のように減衰し，$\alpha = 2\omega\kappa/c$ を**吸収係数**とよぶ．また，厚さ L の試料を透過する前後の光の強度を $I(0)$，$I(L)$ としたとき，$-\log_{10}[I(L)/I(0)]$ を**光学密度**とよぶ．反射や散乱を無視した場合には，光学密度は $\log_{10}(e) \cdot \alpha L$ に等しい．

次に，真空または空気中から物質表面に垂直に入射する光を考える．図 3.38 の破線のように境界面付近の領域で式(3.65c)の z 成分を積分すると，

$$\int_{x_1}^{x_2}\int_{y_1}^{y_2}\left(\frac{\partial E_y}{\partial x} - \frac{\partial E_x}{\partial y}\right)\mathrm{d}x\mathrm{d}y = -\int_{x_1}^{x_2}\int_{y_1}^{y_2}\frac{\partial B_z}{\partial t}\mathrm{d}x\mathrm{d}y \tag{3.68}$$

となるが，積分範囲の幅 $x_2 - x_1$ を 0 に近づけていくと左辺の第 2 項と右辺は 0 となり，

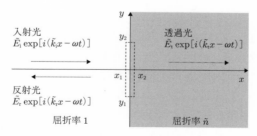

図 3.38　物質表面に入射する光の反射と透過

$$\int_{y_1}^{y_2}[(E_y)_{x=x_2}-(E_y)_{x=x_1}]\mathrm{d}y=0 \tag{3.69}$$

が得られる．これが任意の y_1, y_2 について成り立つためには，結局 $(E_y)_{x=x_2}=(E_y)_{x=x_1}$ でなければならず，このことから境界面において電場の接線方向成分は連続であることがわかる．同様に式(3.65d)から，磁場の接線方向成分もまた連続であることがわかる．したがって，入射光，反射光，透過光の電場をそれぞれ $\widetilde{E}_\mathrm{i}, \widetilde{E}_\mathrm{r}, \widetilde{E}_\mathrm{t}$ とすると，境界面の前後では，

$$\widetilde{E}_\mathrm{i}+\widetilde{E}_\mathrm{r}=\widetilde{E}_\mathrm{t} \tag{3.70a}$$
$$\widetilde{H}_\mathrm{i}+\widetilde{H}_\mathrm{r}=\widetilde{H}_\mathrm{t} \tag{3.70b}$$

である．また，式(3.65c)より，

$$\widetilde{H}=\tilde{k}\widetilde{E}/\omega\mu_0 \tag{3.71}$$

が得られる．式(3.70)と式(3.71)を用いると，**振幅反射率** $\tilde{r}=\widetilde{E}_\mathrm{r}/\widetilde{E}_\mathrm{i}$ と**振幅透過率** $\tilde{t}=\widetilde{E}_\mathrm{t}/\widetilde{E}_\mathrm{i}$ はそれぞれ，

$$\tilde{r}=(1-\tilde{n})/(1+\tilde{n}) \tag{3.72a}$$
$$\tilde{t}=2/(1+\tilde{n}) \tag{3.72b}$$

となる．エネルギーの流れは電場振幅の2乗と屈折率に比例するため，物質表面におけるエネルギー反射率 R とエネルギー透過率 T はそれぞれ，

$$R=|\tilde{r}|^2=[(1-n)^2+\kappa^2]/[(1+n)^2+\kappa^2] \tag{3.73a}$$
$$T=n|\tilde{t}|^2=4n/[(1+n)^2+\kappa^2] \tag{3.73b}$$

となる．また，光の干渉が無視できるほど厚い板状の試料の場合，試料両面での多重反射を考慮して，透過率は，

$$T'=\left(\frac{T}{n}\right)^2 \exp(-\alpha L)/[1-R^2\exp(-2\alpha L)] \tag{3.74}$$

となる．

　図3.36(b)，(c)は Lorentz モデルに基づく複素屈折率，消衰係数，反射率のスペクトルの例を示したものである．消衰係数 κ は ε_2 と同様に ω_0 近傍にピークをもち，屈折率 n は ω_0 近傍で分散型の曲線となる．ω_0 近傍を除くほとんどの領域では屈折率 n は角周波数の増加とともに大きくなる性質をもち，これを**正常分散**という．一方，ω_0 近傍では n は角周波数の増加に従って小さくなり，これを**異常分散**という．反射率は $\varepsilon_1<0$ となる ω_0 付近からやや高角周波数側の領域において高いという特徴をもつ．

　図3.37(b),(c)は Drude モデルに基づく複素屈折率，消衰係数，反射率のスペ

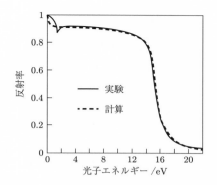

図 3.39　Al の反射スペクトル(実線)と Drude モデ
ルに基づく反射スペクトル(破線)
$\hbar\omega_p = 15$ eV，$\hbar\Gamma = 0.7$ eV.
実 線：F. Wooten, *Optical Properties of
Solids,* Academic Press, **1972**, p. 59.

クトルの例を示したものである．式(3.64)からもわかるように，プラズマ周波数
以下では誘電率はおよそ負の実数となり，屈折率は純虚数に近い値をとる．した
がって式(3.73a)により，この周波数領域では反射率は 1 に近くなる．多くの金
属はプラズマ周波数を可視〜紫外領域にもち，そのために可視光の大部分を反射
し，いわゆる金属光沢を示す．図 3.39 は金属 Al の反射スペクトルと，Drude モ
デルでそれを再現したスペクトルである．Al は 15 eV 以下の光に対して非常に
高い反射率をもっており，$\hbar\omega_p = 15$ eV，$\hbar\Gamma = 0.7$ eV とした Drude モデルとよく
一致する．しかしながら，可視領域に吸収をもつ Au や Cu などの金属において
は，単純な Drude モデルは実測スペクトルと一致せず，注意を要する．

3.4.3　Kramers-Kronig(クラマース・クローニッヒ)の関係式

　電場に対する分極の応答を周波数領域でみると $\widetilde{P}(\omega) = \varepsilon_0 \widetilde{\chi}(\omega)\widetilde{E}(\omega)$ であるが，
これを逆フーリエ変換して時間領域に書き直すと，

$$P(t) = \varepsilon_0 \int_0^\infty \chi(\tau)E(t-\tau)\mathrm{d}\tau \qquad (3.75)$$

となる．この式からわかるように，$\chi(\tau)$ は δ 関数的な電場が与えられたときの
分極応答を表す．因果律によって時刻 t の分極に影響し得るのは時刻 t 以前の電

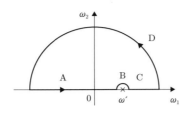

図 **3.40**　$\omega_1+i\omega_2$ の複素平面上での経路積分
　　　　　経路はそれぞれ,
　　　　　A：実軸上での $-\infty \sim \omega'-\delta$,
　　　　　B：ω' 周りの微小半径 δ の半円,
　　　　　C：実軸上での $\omega'+\delta \sim +\infty$,
　　　　　D：原点周りの半径 $+\infty$ の半円.

場のみであるため, 積分範囲は $\tau > 0$ としている. また, 時間領域と周波数領域の電気感受率は,

$$\tilde{\chi}(\omega)=\int_0^\infty \chi(t) \exp (i\omega t)\mathrm{d}t \tag{3.76}$$

の関係にある. ここで ω を複素数 $\omega_1+i\omega_2$ に拡張し, 図 3.40 に示す経路 A→B→C→D にそって関数 $\chi(\tilde{\omega})/(\tilde{\omega}-\omega')$ を複素積分することを考える. 式(3.76)にみられるように, $\chi(t)$ が自然な振る舞いをするとき, $\tilde{\chi}(\tilde{\omega})$ は $\omega_2 > 0$ で正則であるから, Cauchy(コーシー)の定理より,

$$\oint \frac{\chi(\tilde{\omega})}{\tilde{\omega}-\omega'}\mathrm{d}\tilde{\omega}=A+B+C+D=0 \tag{3.77}$$

である. ただし $\tilde{\omega}=\omega'$ の点は小さな半円で避けた. この複素積分を以下の三つの経路に分割すると, ω が十分大きい場合には分極は電場に追従しないので D の積分は 0 である. B は複素積分をすると $-i\pi\tilde{\chi}(\omega')$ である. また, A＋C は Cauchy の主値積分とよばれ, $P\int_{-\infty}^\infty \mathrm{d}\omega_1$ で表す. 結果として,

$$\tilde{\chi}(\omega)=\frac{1}{i\pi}P\int_{-\infty}^\infty \mathrm{d}\omega_1 \frac{\tilde{\chi}(\omega_1)}{\omega_1-\omega} \tag{3.78}$$

が得られる. これを実部と虚部に分けて書けば,

$$\chi_1(\omega)=\frac{1}{\pi}P\int_{-\infty}^\infty \mathrm{d}\omega_1 \frac{\chi_2(\omega_1)}{\omega_1-\omega} \tag{3.79}$$

$$\chi_2(\omega) = -\frac{1}{\pi} P \int_{-\infty}^{\infty} d\omega_1 \frac{\chi_1(\omega_1)}{\omega_1 - \omega} \tag{3.80}$$

が得られ，これを **Kramers-Kronig の関係式**とよぶ．この式は複素感受率のうち，実部か虚部の何れかが決まれば他方も決まることを示しており，複素屈折率についても類似した以下の式が成り立つ．

$$n(\omega) - 1 = \frac{1}{\pi} P \int_{-\infty}^{\infty} d\omega_1 \frac{\omega_1 \kappa(\omega_1)}{\omega_1^2 - \omega^2} \tag{3.81}$$

$$\kappa(\omega) = -\frac{1}{\pi} P \int_{-\infty}^{\infty} d\omega_1 \frac{\omega n(\omega_1)}{\omega_1^2 - \omega^2} \tag{3.82}$$

そのため，実験的に光学定数の実部か虚部の一方しか測定できない場合であっても，この関係式を用いれば他方を計算することができる．

　Kramers-Kronig の関係式が有用なもう一つの例として，試料が厚く吸収が強いなどの理由により透過測定が難しい場合に，反射率スペクトルのみから光学定数を求める方法がある．振幅反射率を $\tilde{r}(\omega) = r(\omega) \cdot \exp[-i\theta(\omega)]$ とすると，$r(\omega)$ と $\theta(\omega)$ の間には，

$$\theta(\omega) = \frac{2}{\pi} P \int_0^{\infty} d\omega_1 \frac{\omega \ln[r(\omega_1)]}{\omega_1^2 - \omega^2} \tag{3.83}$$

の関係があることが知られる[7]．したがって全波長域の反射率スペクトルが測定できれば，式 (3.83) によって $\theta(\omega)$ を計算することができ，最終的には，

$$n = \frac{1 - r^2}{1 + r^2 + 2r\cos\theta} \tag{3.84}$$

$$\kappa = \frac{2r\sin\theta}{1 + r^2 + 2r\cos\theta} \tag{3.85}$$

によって屈折率等を得ることができる．現実には全波長域で反射スペクトルを測定することは困難であるため，測定範囲外のスペクトルは何らかの方法で外装する必要がある．

3.4.4　半導体のバンド間遷移

　半導体の光学特性を理解するには，電子を量子論的に扱う必要がある．半導体中では電子は **Bloch**（ブロッホ）**波**とよばれる状態をとり，各々の状態はその波数 k に応じて異なるエネルギーをもつ．波数 k とエネルギー E の関係（図 3.41）を**分散関係**とよぶ．電子によって占有された状態が存在するエネルギー領域を**価**

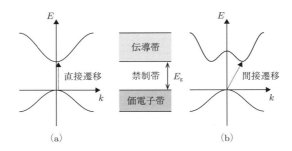

図 3.41　直接遷移型(a)と間接遷移型(b)の半導体のバンド構造

電子帯，占有されていない状態が存在するエネルギー領域を**伝導帯**，状態が存在しないエネルギー領域を**禁制帯**とよぶ(図 3.41)．禁制帯のエネルギー幅 E_g をバンドギャップとよぶ．半導体にバンドギャップ以上のエネルギーの光を照射すると，光が吸収されて電子は価電子帯から伝導帯へと励起される．このときフォノン(格子振動, 3.5.1 項参照)の吸収や放出がなければ，運動量の保存則のために，励起前の電子状態の波数を k_v, 励起後の電子状態の波数を k_c, 光の波数を k とすると，

$$k_v + k = k_c \tag{3.86}$$

でなければならない．ただし，可視〜紫外領域の光の波数 k は第 1 Brillouin ゾーンの大きさに比べて十分に小さいので無視することができ，一般には $k_v = k_c$ のように電子の波数は保存される．このような遷移を**直接遷移**とよぶ．たとえば図 3.41(a)に示した半導体は最小エネルギーによるバンド間遷移が直接遷移であり，このような半導体を**直接遷移型半導体**という．一方，光を吸収する際に同時にフォノンの吸収または放出を伴った場合，フォノンの波数も加えて運動量保存則は，

$$k_c = k_v + k \pm q \tag{3.87}$$

と書かれる．このような $k_c \neq k_v$ となる遷移を**間接遷移**とよぶ．図 3.41(b)に示した半導体は最小エネルギーによるバンド間遷移が間接遷移であり，このような半導体を**間接遷移型半導体**という．一般に，直接遷移による吸収係数は間接遷移による吸収係数と比べて大きい．

　直接遷移型半導体の吸収係数のエネルギー依存性は，主に状態密度のエネルギー分布によって決まる．等方的な 3 次元結晶の場合，価電子帯の上端および伝

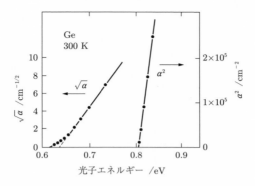

図 3.42　Ge の吸収スペクトル
W.C. Dash and R. Newman, *Phys. Rev.* **1955**, *99*, 1151.

導帯の下端近傍のエネルギー状態密度は端からのエネルギーの平方根に比例するので，吸収係数もやはり同様のエネルギー依存性をもち，

$$\alpha(\omega) \propto (\hbar\omega - E_g)^{1/2} \tag{3.88}$$

となることが知られる．吸収が現れ始める最小のエネルギーを**吸収端**とよぶ．一方，間接遷移型半導体の吸収係数は，

$$\alpha(\omega) \propto (\hbar\omega \pm \hbar\omega_{ph} - E_g)^2 \tag{3.89}$$

のエネルギー依存性をもつことが知られる[7]．ここで ω_{ph} は遷移に関与するフォノンの角周波数である．図 3.42 は間接遷移型半導体である Ge の吸収スペクトルを示したものである．0.64 eV 付近からは式(3.89)に従う間接遷移の弱い吸収がみられる一方で，0.8 eV 付近からは式(3.88)に従う直接遷移の強い吸収がみられる．また，このような吸収スペクトルから式(3.88)または式(3.89)を用いて，直接遷移や間接遷移のバンドギャップを求めることが可能である．

3.4.5　ルミネッセンス

　励起状態にある物質が光を放出して基底状態に移る現象を**ルミネッセンス**という．とくに励起状態を生じる要因が光吸収である場合は**フォトルミネッセンス**，電界である場合は**エレクトロルミネッセンス**，化学反応である場合は**ケミルミネッセンス**などとよぶ．図 3.43 は Ce^{3+} をドープした CaS のフォトルミネッセ

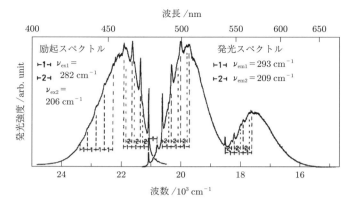

図 3.43　Ce^{3+} をドープした CaS の励起スペクトルと発光スペクトル
S. Yokono, T. Abe, T. Hoshina, *J. Phys. Soc.* **1979**, *46*, 351.

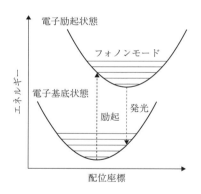

図 3.44　配位座標モデル

ンスの強度について，励起光波長依存性（励起スペクトル）および発光波長依存性
（発光スペクトル）を示したものである．特徴として，発光スペクトルは励起スペ
クトルをちょうど左右反転させたような形状をもち，全体的に低エネルギー側に
シフトしている．これは図 3.44 のような配位座標モデルで理解することができ
る．光の吸収は原子核の運動と比べて速く起こるため，光学遷移の前後で核の座
標は変化しないものと考える．これは図 3.44 において遷移が直上に起こること

として表される．一方，遷移の後には核の安定点が変化するため，格子はすみや
かにより安定な配置へと緩和する．その後，励起状態が光を放出して基底状態へ
と移るときには，状態間のエネルギー差は光を吸収したときよりも小さい．した
がって，放出光のエネルギーは一般に励起光のエネルギーと比べて小さくなる．
実際にはフォノンの吸収・放出を伴う光学遷移も存在するため，これらは**フォノ
ンサイドバンド**とよばれる等間隔に分布した吸収線として現れる．

3.5　熱 的 性 質

3.5.1　格子振動とフォノン

原子やイオンは熱エネルギーを取り込むと運動する．固体中ではそれらは互い
に化学結合をしているため，運動は振動という形で現れる．これを**格子振動**とい
う．格子振動は固体内にさまざまなエネルギー準位を形成する．たとえば，固体
に光を入射したとき，光のエネルギーがこれらの準位間の遷移に必要なエネル
ギーに対応するならば，光は固体に吸収される．

振動エネルギーの理解のため，ばねにつながれたおもりの運動を考える．力が
加えられるとおもりはばねの力により振動する．**Hooke**（フック）**の法則**により
おもりの変位に比例する力がはたらき振動が継続するような系を，**調和振動子**と
よぶ．固体が多くの調和振動子の集合体とし，1 次元の運動を仮定すると，振動
のポテンシャルエネルギー U_{vib} は変位 x の関数として，

$$U_{\mathrm{vib}}(x) = 2\pi^2 m \nu^2 x^2 \tag{3.90}$$

で与えられる．ここで，m は調和振動子の質量，ν は振動数である．

振動エネルギー E_{vib} は次の Schrödinger（シュレーディンガー）方程式で与えら
れる．

$$\frac{\mathrm{d}^2\varPsi}{\mathrm{d}x^2} + \frac{8\pi^2 m}{h^2}(E_{\mathrm{vib}} - U_{\mathrm{vib}}(x))\varPsi = 0 \tag{3.91}$$

ここで，$\varPsi$ は調和振動子の波動関数，h は Planck 定数である．これを解くと，
E_{vib} は次式となる．

$$E_{\mathrm{vib}} = \left(n + \frac{1}{2}\right)h\nu \tag{3.92}$$

ここで n は 0 または正の整数である．この式のように格子振動を量子化して粒

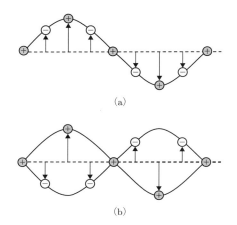

図 **3.45**　陽イオン⊕と陰イオン⊖の振動状態(横波の場合)
(a)音響モード，(b)光学モード

子として捉えたものを**フォノン**とよぶ．

　イオン結晶では図 3.45 のように，陽イオンと陰イオンが一緒になって振動する状態と，陽イオンと陰イオンが独立に運動する状態が現れる．前者を**音響モード**，後者を**光学モード**とよぶ．このような種類の異なる格子振動は，単一元素の結晶でも等価でない原子を含む場合には発現する．格子振動の情報を得る分析法として赤外分光や Raman(ラマン)分光があるが，これらで知ることのできる格子振動の状態は光学モードである．

3.5.2　熱　容　量

　熱容量とは，単位量の物質を 1 K 温度上昇させるのに必要な熱量であり，定圧下で 1 mol の物質を対象とする場合を**定圧モル熱容量** C_p，定容積下の場合を**定容モル熱容量** C_V という．また，1 g の物質について 1 K の変化をもたらす熱量を**比熱**とよぶ．

　物質が熱エネルギーを吸収して昇温する過程には，格子振動(フォノン)による熱吸収過程と，電子が熱励起されることによる熱吸収過程がある．金属では低温において，また無機固体では高温において電子の熱吸収が熱容量に寄与するが，

一般には熱容量に大きく寄与するのはフォノンによる熱吸収である．固体の温度変化に応じて励起されるフォノンの数が変化し，これにより格子振動のエネルギーも変わる．温度変化に伴う格子振動のエネルギーの変化の割合が**熱容量**といえる．

これより，単純に熱容量を導くには，結晶が単一の振動数の調和振動子の集合体と仮定し，温度 T において平衡にあるフォノンの個数の平均値を用いて振動エネルギーを算出し，その温度による一次微分を求めれば定容モル熱容量が得られる．このモデルは**Einstein モデル**とよばれ，高温で固体の定容モル熱容量が気体定数 R により $C_V = 3R$ と表される経験則（**Dulong–Petit**（デュロン・プティ）**の法則**）を説明できる．しかし，低温での定容モル熱容量の温度依存性は実測値と一致していなかった．

Debye（デバイ）は結晶を連続的で等方的な弾性体として仮定し，格子振動のさまざまな値の振動数を考慮したモデル（**Debye モデル**）を提案した．フォノンが許されるエネルギーをすべて積分し，これを温度 T で微分することにより，次式を得た．

$$C_V = \frac{\mathrm{d}E_{\mathrm{vib}}}{\mathrm{d}T} = 9R\left(\frac{T}{\theta_{\mathrm{D}}}\right)\int_0^{\theta_{\mathrm{D}}/T} \frac{x^4 \mathrm{e}^x}{(\mathrm{e}^x - 1)^2}\mathrm{d}x \tag{3.93}$$

ここで，R は気体定数，$x = h\nu/k_{\mathrm{B}}$，$\theta_{\mathrm{D}} = h\nu_{\max}/k_{\mathrm{B}}$ は **Debye 温度**とよばれ，物質の温度が θ_{D} に達すると，すべてのフォノンの振動数は最大振動数 $\nu_{\max}$ に接近する．式(3.93)から，高温($\theta_{\mathrm{D}}/T \ll 1$)では，

$$C_V \approx 3R = 24.9 \ \mathrm{J\,K^{-1}\,mol^{-1}} \tag{3.94}$$

となり，Dulong–Petit の法則となる．一方，低温($\theta_{\mathrm{D}}/T \to \infty$)では，

$$C_V \approx \frac{12}{5}\pi^4 R\left(\frac{T}{\theta_{\mathrm{D}}}\right)^3 \tag{3.95}$$

に近似され，C_V は T^3 に比例する．図 3.46 に示すように，多くの結晶の実測値はほぼこれらの温度依存性を示す．ただし，高温では，電子による熱吸収や格子欠陥の形成による熱吸収の寄与が生じる場合もある．また，定圧モル熱容量 C_p と定容モル熱容量 C_V の間には次の関係がある．

$$C_p - C_V = \frac{\alpha_V^2 V_0 T}{\beta} \tag{3.96}$$

ここで，α_V は熱膨張率（体積膨張率）（3.5.3 項参照），V_0 はモル体積，$\beta = -V^{-1}(\mathrm{d}V/\mathrm{d}p)$ は圧縮率である．式(3.96)の右辺は，結晶では通常 $2.1 \ \mathrm{J\,K^{-1}\,mol^{-1}}$ 程度の値をとる．

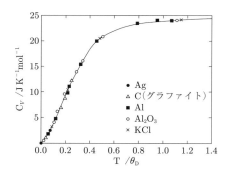

図 3.46　定容モル熱容量 C_V の温度依存性
θ_D は Debye 温度.
田中勝久，固体化学，東京化学同人，**2004**, p. 137.

表 3.2　無機固体の Debye 温度 θ_D と弾性係数*

物　質	θ_D /K	Young 率 /N m^{-2}
ダイヤモンド	2230	1.21×10^{12}
SiC	1080	5.6×10^{11}
Al$_2$O$_3$	1045	4.5×10^{11}
MgO	946	2.45×10^{11}
TiC	916	4.5×10^{11}
TiN	809	6.0×10^{11}
Si	650	1.88×10^{11}
Cu	310	6.7×10^{10}

*弾性係数の値は Young 率(3.6.1 項参照).
物質は SiC を除き単結晶.
水田進，河本邦仁，材料テクノロジー 13　セ
ラミック材料，堂山昌男，山本良一編，東京大
学出版会，**1986**, p. 38.

　Debye 温度は通常，融点の 1/5〜1/2 程度の値をとる．フォノンは物質中でほ
ぼ音速で運動しており，Debye 温度はこの音速によって決まることが知られて
いる．音速は物質の弾性係数が大きいほど大きいので，一般に弾性係数が大きな
物質(硬い物質)は高い Debye 温度をもっている．いくつかの物質の Debye 温度
と弾性係数を表 3.2 に示す[9]．

3.5.3　熱 膨 張

　温度が上昇すると，通常，固体の体積は増大する．この現象が熱膨張であり，熱膨張率(**体積膨張率**) α_V は次式で定義される．

$$\alpha_V = \frac{1}{V}\left(\frac{\mathrm{d}V}{\mathrm{d}T}\right)_p \tag{3.97}$$

V，P，T はそれぞれ，体積，圧力，温度である．固体が熱を吸収し格子振動が激しくなると(すなわち振動数が大きくなると)原子間のポテンシャルエネルギーが増大する．図 3.47 に示すように，原子間ポテンシャルエネルギーは Coulomb 力に基づく引力ポテンシャルと原子間反発に基づく斥力ポテンシャルの和で表される．温度が上昇すると，原子の平衡位置はポテンシャルエネルギーの高い位置に移動する．原子間ポテンシャルエネルギーの谷が極小値に対して対称であるなら，平衡原子間距離は変化しない．しかし実際には，ポテンシャルエネルギーの谷は非対称であるため平衡原子間距離は大きくなる．これが熱膨張である．

　典型的な熱膨張率を表 3.3 に示す．ダイヤモンド，SiC，Si_3N_4 などの共有結合性の結晶では，ポテンシャルエネルギーの谷が鋭く対称性が高い．そのため，温度が上昇しても原子間距離の変化が比較的小さく，熱膨張の程度も小さい．一方，NaCl，MgO などのイオン結晶では，引力と斥力のポテンシャル曲線の形状の違いから原子間距離の増加が著しい．また，金属は一般にイオン結晶よりも結合が弱い(ポテンシャルエネルギーの谷が浅い)ので，熱膨張率が比較的大きい．

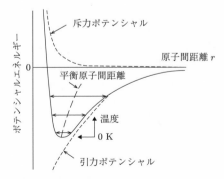

図 3.47　原子間ポテンシャルエネルギー
　　　　　　と原子間距離の関係

表 **3.3** 代表的物質の熱膨張率(25 ℃)

材料系	物　　質	線膨張率 ($\times 10^{-6}$ K^{-1}), 25 ℃
無機固体	β-スポジュメン (LiAlSi$_2$O$_6$)	0.75
	コーディエライト	1.7
	Si$_3$N$_4$	3.3～3.6
	SiC	5.1～5.8
	Al$_2$O$_3$	8.5
	MgO	13.5
	NaCl	40.0
	SiO$_2$ ガラス	0.5
金属	W	4.6
	Zn	39.7
高分子	シリコーンゴム	120
	ナイロン 6	83
	ポリエチレン	120

有機高分子も，分子間は弱い van der Waals(ファンデルワールス)結合をしてい
るため，熱膨張率が大きいものが多い.

　熱膨張率には，1 次元方向の膨張を示す**線膨張率** α_L と，3 次元の膨張を示す
体積膨張率 α_V がある．線膨張率 α_L は，式(3.97)の体積 V をある方向の長さ L
に置き換えた式で定義される．結晶の熱膨張は一般に軸方向によって異なり，主
軸方向の線膨張率をそれぞれ α_{La}, α_{Lb}, α_{Lc} とすると，

$$\alpha_V \approx \alpha_{La} + \alpha_{Lb} + \alpha_{Lc} \tag{3.98}$$

の関係にある．したがって，立方晶系では $\alpha_V \approx 3\alpha_{La}$，正方，六方，三方晶系で
は $\alpha_V \approx 2\alpha_{La} + \alpha_{Lc}$ となる．ほとんどの結晶の線膨張率は正の値であるが，異方性
の大きい結晶ではある方向で負の値になるものもある．たとえば CaCO$_3$ では c
軸に平行方向の線膨張率が 25×10^{-6} K^{-1} であるのに対し，c 軸垂直方向では
-6×10^{-6} K^{-1} である．多結晶体で軸方向がランダム配列していれば，正負の線
膨張率が相殺し，全体としては小さな膨張率となる.

　多相系複合材料などの膨張率の異なる層が接している界面では，温度上昇に伴
い，膨張率の大きい相に圧縮応力が，小さい相には引張り応力が掛かる．そのた
め，大きな温度変化が繰り返されるとそれらの応力により亀裂が生じることがあ

る．そのような環境で使用される材料では，基本として熱膨張率が小さな材料が望ましい．六方晶系のコーディエライト$(Al_3Mg_2(Si_5Al)O_{18})$はc軸方向に層状に積み重なった構造をもっており，軸方向により線膨張率が異なるが多結晶体では体積膨張率が小さい．さらに異種イオンを置換固溶させると体積膨張率をほぼ0にすることができる．このため，激しい温度変化にさらされる自動車エンジン排ガス浄化用触媒担体として利用されている．

3.5.4　熱　伝　導

　物質中の熱エネルギーの輸送は，伝導，対流，放射(輻射)によって行われる．固体中では，対流はほぼなく，放射は 1000 K 以下の温度では寄与が小さいため，通常は伝導が支配的となる．固体中で熱エネルギー輸送の担体となるのは伝導電子，フォノン，フォトン(光子)である．金属では一般に伝導電子が主な担体となる．電子濃度が低い無機固体ではフォノンによる伝導が支配的であるが，高温ではフォトンの放射による寄与が生じてくる．

　固体内を 1 次元的(x軸方向とする)に熱が伝導するとき，単位時間あたりに単位断面積を通過する熱流束 Q はこの方向の温度 T の勾配に比例する．

$$Q = -\kappa \frac{dT}{dx} \tag{3.99}$$

この比例係数 κ が**熱伝導率**である(単位：$\mathrm{W\,m^{-1}\,K^{-1}}$ または $\mathrm{cal\,cm^{-1}\,s^{-1}\,K^{-1}}$)．また，熱伝導率 κ は，物質の密度を ρ，単位重量あたりの熱容量を C とすると，**熱拡散率** β(単位：$\mathrm{m^2\,s^{-1}}$)と次の関係がある．

$$\kappa = \beta \rho C \tag{3.100}$$

　フォノンは局所的な温度勾配に応じて常に向きを変えながら進む．その際，格子欠陥などの結晶の不完全性があると，それにより散乱され進行が妨げられる．また，固体内に非調和振動により生じる弾性的な歪みがあると，フォノンはそれによる散乱も受ける．固体内で，ある位置で散乱されたフォノンが次に散乱されるまでに進む距離の平均値を平均自由行程という．いくつかの種類のキャリアがある場合，熱伝導率 κ は一般に，

$$\kappa = \frac{1}{3}\sum_i C_i v_i L_i \tag{3.101}$$

となる．ここで，C_i，v_i，L_i はそれぞれ i 種キャリアの単位体積あたりの熱容

表 **3.4**　代表的物質の熱伝導率 κ(300 K)

材料系	物　質	熱伝導率 κ $(W\,m^{-1}K^{-1})$
無機固体	SiC	$60\sim270$
	Si_3N_4	$25\sim95$
	AlN	$90\sim260$
	Al_2O_3	$36\sim46$
	MgO	$25\sim60$
	BeO	250
	石英ガラス	1.4
金属	Cu	410
	Ag	420
	Al	240
	Fe	80
高分子	ナイロン	0.25
	ポリエチレン	0.22
	ポリスチレン	0.12

量，運動速度(フォノンでは音速)，平均自由行程である．キャリアがフォノンの無機固体とキャリアが電子の金属とを比較してみると，熱容量はフォノンのほうが2桁ほど大きいが，電子は平均自由行程が約1桁，運動速度が約2桁大きいので，熱伝導率は金属のほうが1桁ほど大きくなる．表3.4に無機固体，金属，有機高分子の熱伝導率を示す．

　フォノンによる熱伝導率の場合の温度依存性は次のようになる．フォノンの運動速度は音速であり温度によって大きくは変化しないので，熱容量と平均自由行程の温度による変化により決まる．$T=0$では熱容量が0のため熱伝導率も0であるが，温度上昇に伴う熱容量の増加(式(3.95)参照)により熱伝導率も増大する．温度が高くなりフォノンの密度も高くなると，フォノンどうしの相互作用(衝突)により平均自由行程が小さくなる．そのため，熱伝導率はある温度で極大を示し，その後はしだいに減少する．さらに高温になると，今度はフォトンの放射の寄与が大きくなるので，再び熱伝導率は増大していく．図3.48に各種無機固体の熱伝導率の温度依存性を示す．

　無機固体の熱伝導率をその結晶の成り立ちからみてみると，熱伝導率の高い結晶には次のような傾向がある．① 原子間の結合が強固，② 原子の充塡密度が高

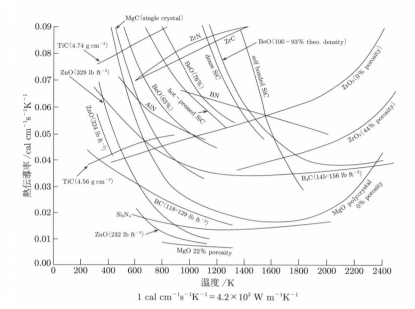

図 **3.48**　各種無機固体の熱伝導率の温度依存性
水田進，河本邦仁，材料テクノロジー 13　セラミック材料，堂山昌男，
山本良一編，東京大学出版会，**1986**，p. 44.

い，③ 結晶の対称性が高い，④ 原子の種類が少ない，⑤ 構成する原子の原子
量の差が小さい．酸化物では軽元素からなる結晶．①，②は格子振動が伝搬しや
すい，すなわちフォノンの移動速度が大きくなることに寄与する．③〜⑤は結晶
内での結合が比較的均質で，非調和振動によるフォノンの散乱が少なくなること
に寄与する．ダイヤモンドは上記の項目をすべて満たしており，室温で 2000
W m^{-1}K^{-1} を超える著しく高い熱伝導率をもっている．

　結晶中の格子欠陥や多結晶体の粒界，気孔，不純物などは，フォノンの散乱を
もたらすために熱伝導率を低下させる．固溶体を形成する場合も，非調和な振動
によるフォノンの散乱が生じ，熱伝導率が低下することが多い．

3.5.5　融　点

　温度が上昇していくと原子の格子振動が著しくなり，振動の振幅がある値に達すると結晶の原子配列が保てなくなり液体となる．この温度が融点であり，熱力学的には固相と液相の自由エネルギーが等しくなる温度である．

　融点は固体の凝集エネルギーと強く関連している．すなわち，固体を構成する原子やイオンが整然と配列した固体状態と，その配列がなくなった液体状態とのエネルギーの差が大きいほど，固体から液体になる熱エネルギーが大きくなり，融点が高くなる．原子間のポテンシャルエネルギーと原子間距離の関係を示す図3.47を参照すると，ポテンシャルエネルギーの谷の深さが凝集エネルギーに相当している[*8]．イオン結晶において，固体が解離して気体のイオンになる場合のエネルギー変化(標準モルエンタルピー変化)が格子エネルギーであり，ポテンシャ

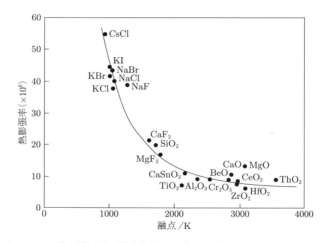

図 3.49　各種無機固体の融点と線膨張率の関係
　　　　水田進，河本邦仁，材料テクノロジー 13　セラミック材料，
　　　　堂山昌男，山本良一編，東京大学出版会，**1986**，p. 35.

---

　*8　図3.47は二つの原子の間のポテンシャルエネルギーであるが，結晶においても形状は同様になる．"工学教程　無機化学Ⅰ"，3.2節を参照．格子エネルギーは，同3章の式(3.10)，(3.12)に示されている．

ルエネルギーの谷の深さで表される．その深さは正負のイオン価数が大きく，結晶でのイオン間距離が小さく，また結晶構造に基づく Madelung 定数が大きいほど，大きい．これより，液体と気体の違いはあるが，原子間の結合が強く結晶として安定なほど高い融点になるといえる．

3.5.3 項で，原子間のポテンシャルエネルギーの谷が鋭く極小点の両側での対称性が高い物質で熱膨張率が小さいことを記した．これより一般に，融点が高いほど熱膨張率が小さくなる傾向がある．図 3.49 に，NaCl 型や蛍石型などの比較的対称性のよい結晶構造をもつ固体の融点と線膨張率の関係を示す[9]．両者が反比例する関係がみられている．

3.6　機 械 的 性 質

3.6.1　応力による変形

固体に引張り応力を加えると，固体には歪みが生じ応力の方向に伸びる．ばねのように応力を除くともとの状態に戻るとき，この変形を**弾性変形**という．ある応力（**降伏応力**）以上の応力が加わると，歪みが大きく増え，応力を除いてももとの状態に戻らなくなる．この変形を**塑性変形**という．弾性変形域で破壊に至る様式は**脆性破壊**，弾性変形域を経て塑性変形した後で破壊に至る様式は**延性破壊**とよばれる．図 3.50 に，無機固体，金属，有機高分子の典型的な応力-歪み曲線を示す．一般に金属や有機高分子では塑性変形しやすく，延性破壊に至るまでの変形

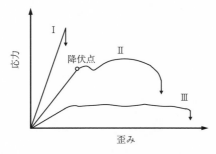

図 **3.50**　典型的な応力-歪み曲線
Ⅰ：無機固体，Ⅱ：金属，Ⅲ：有機高分子

量が大きい．それに対して，イオン結合や共有結合からなる無機固体の多くは，応力を加えても歪みは非常に小さく，脆性破壊を起こす．固体が脆性破壊するか，延性破壊するかは，固体の降伏応力と破壊応力(破壊に至る応力)の大小により決まる．すなわち，破壊応力が降伏応力より大きい場合は延性破壊，逆の場合は脆性破壊となる．金属では転位が運動しやすく，また有機高分子では粘性変形の寄与が大きいため，それらの降伏応力は一般に小さく延性破壊となりやすい．

　弾性変形域での固体の機械的性質は主に弾性係数を用いて表される．弾性係数は本来テンソル量であるが，ここでは簡潔に等方的な固体として扱う．固体に引張り応力を加えると，応力方向に伸びると同時に垂直な方向に縮む．応力を σ_z，伸び率を $\Delta z/z$ としたとき，**Young**(ヤング)**率** E は次式で示される．

$$E = \frac{\sigma_z}{\Delta z/z} \tag{3.102}$$

また，応力と垂直方向の収縮を $\Delta x (= \Delta y)$ とすると，伸びと縮みの比

$$\nu = \frac{\Delta x}{\Delta z} \tag{3.103}$$

を **Poisson 比**という．ν の値は，立方体で応力により体積が変わらなければ $1/2$ であるが，一般には 0 と $1/2$ の間の値をとる．等方的な圧縮応力 σ の印加により体積 V が ΔV だけ変化(収縮のとき，$\Delta V<0$)する場合，**体積弾性率**(圧縮率の逆数)K は，

$$K = -\frac{\sigma}{\Delta V/V} \tag{3.104}$$

で示される．さらに，せん断応力 τ_u に対するずれ率 $\Delta u/u$ は次式の関係にあり，

$$G = \frac{\tau_u}{\Delta u/u} \tag{3.105}$$

G を**剛性率**という．これら 4 個の弾性係数のうち，独立なものは 2 個である．つまり，E, ν, K, G の間には次式の関係がある．

$$G = \frac{E}{2(1+\nu)}, \qquad K = \frac{E}{3(1-2\nu)} \tag{3.106}$$

このため，2 種類の弾性係数がわかれば，他の 2 種は上式から求められる．

　Young 率は結晶の原子間やイオン間の距離の変化に対する抵抗と考えることができる．そのため，化学結合の強さや結晶の凝集力と関連がある．表 3.5 に代表的な物質の Young 率を示す．無機固体の Young 率は，一般に原子間距離が短く，原子価が大きく，原子密度が高いもので Young 率と体積弾性率が大きい．

表 **3.5** 代表的な物質の Young 率(GPa)

無機固体			金　属	
単結晶	ダイヤモンド 〈111〉	1210	W	360
	黒鉛 〈0001〉	10	Cu	125
	Al$_2$O$_3$ 〈0001〉	460	Ag	81
	MgO 〈100〉	248	Au	78
	NaCl 〈100〉	44	鋳鉄	152
多結晶	SiC	440	有機高分子	
	Si$_3$N$_4$	300		
	Al$_2$O$_3$	400	ナイロン 66	3.2
	MgO	310	ポリスチレン	2〜3
	ZrO$_2$(PSZ)	400	ポリプロピレン	1.4
ガラス		70〜80	ポリエチレン	0.1〜1

化合物の種類で比較すると，炭化物＞窒化物〜ホウ化物＞酸化物となることが多い．また，金属は無機固体と同程度の Young 率をもつが，有機高分子では著しく小さい．

3.6.2 強度と破壊靱性

固体の強度は，破壊に至るまでに必要な応力と考えられる．ここでは無機固体の多くが示す脆性破壊について述べる．理想的な結晶の場合，破壊はある間隔をもつ格子面を破断させる，すなわち原子間結合をたち切ることに相当し，このために必要な応力が**理想強度**となる．破断に要するエネルギーを二つの表面を形成するのに要するエネルギーとすると，この理想強度 σ_m は次式で示される．

$$\sigma_m = \left(\frac{E\gamma_s}{a_0}\right)^{1/2} \tag{3.107}$$

E は Young 率，γ_s は単位面積あたりの表面エネルギー，a_0 は格子面間隔である．これより，Young 率と表面エネルギーが大きく原子密度の高い結晶が潜在的に大きな強度をもつといえる．たとえば，酸化アルミニウムの結晶で，$E = 460\,\mathrm{GPa}$，$\gamma_s = 2.0\,\mathrm{J\,m^{-2}}$，$a_0$(Al-O 間隔) $= 0.36\,\mathrm{nm}$ とすると，$\sigma_m = 51\,\mathrm{GPa}$ の大きな値になる．

実際の材料で実測される**破壊強度**は理想強度 σ_m よりもはるかに小さく，σ_m の

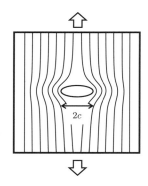

図 3.51　き裂(長さ $2c$)がある場合の力線の分布

1/200〜1/50 にすぎない. これは材料中に含まれる欠陥(微小き裂, 粒界, 気孔など)によるものである. 欠陥が非常に少ないウィスカー(ひげ状に成長した結晶)では実測強度が理想強度に近くなることが知られている.

　材料中にき裂がある場合, 応力はき裂の先端付近に集中する(図3.51). ここで応力が理想強度に達すれば, 見かけの応力が小さくても破壊に至る. Griffith は, 材料中に長さ $2c$ のき裂がある場合, 破壊(き裂の進展)によって解放されるエネルギーと新たに生成する波面の表面エネルギーの増加が等しいという条件を用いて, 次式(**Griffith**(グリフィス)**の式**)を得た.

$$\sigma_c = \left(\frac{2E\gamma_s}{\pi c}\right)^{1/2} \tag{3.108}$$

σ_c はき裂成長の臨界応力であり, き裂長さが大きいほど小さい. ある応力によりき裂が大きくなると σ_c が減少し, き裂はさらに小さな応力で成長するようになる. すなわち, いったんき裂が新たに生じるとただちに破壊に至ることを意味している. 式(3.107)と式(3.108)は同様な形であるが, a_0 と c の大きさが非常に異なる. a_0 が 0.1 nm オーダーであるのに対し c が μm オーダーであるなら $\sigma_c \sim 10^{-2}\sigma_m$ となり, 小さな実測強度が説明される.

　上記の説明では, き裂の大きさだけを考慮し形状を考慮していないが, 実際にはき裂の形状, とくにき裂先端の曲率半径 ρ にも強く関係している. き裂の先端ではき裂の長さ $2c$ とその先端の曲率半径 ρ に関係した応力の集中が生じており, 先端での応力は全体に掛かっている応力 σ よりも $1 + 2(c/\rho)^{1/2}$ 倍になってい

る．これを**応力集中係数**という．ρ が小さい，つまり鋭い先端のき裂ほど応力が集中し破壊が生じやすい．

このように，物質中にき裂が存在すると，その大きさや先端の曲率により実際の破壊強度は理想強度から大きく異なってくる．き裂先端の応力場を表すパラメータとして応力拡大係数 $K\,(=\sigma(\pi c)^{1/2})$ がよく用いられる．この値がある臨界値 K_C を超えると，き裂が急激に進展する．このときの K_C を**臨界応力拡大係数**という．これより，脆性破壊を起こす無機固体で多くみられる図 3.52 のような

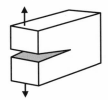

図 3.52 き裂の変位様式（モードⅠ）

表 3.6 代表的無機固体，金属の破壊靱性

材料系	物　質	$K_{IC}\,/\mathrm{MN\,m^{-3/2}}$
無機固体	ZrO_2-Y_2O_3（準正方晶）	6〜9
	ZrO_2-Y_2O_3（析出強化）	9.6
	ZrO_2-MgO（析出強化）	5.7
	Al_2O_3-ZrO_2	9.8
	Al_2O_3	4.5
	Al_2O_3-TiC	3.5〜6.7
	スピネル単結晶	1.3
	Si_3N_4	5〜8
	SiC	3.5〜5.0
	TiC	〜5.0
金属	マルエージ鋼	56〜93
	炭素鋼	＞210
	D6AC 鋼	65
	高力アルミニウム合金	34
	チタン合金	70
	（4Al-4Mo-2Sn-0.5Si）	

開口型き裂(モードⅠ)の場合,破壊応力 σ_f は一般に,

$$\sigma_f = \frac{K_{IC}}{(\pi c)^{1/2}} \tag{3.109}$$

と示される.K_{IC} はき裂の形状や伝搬の仕方,状態により変わる表面エネルギーなどさまざまな要素を含むが,ある組成や微細構造をもつ材料の破壊抵抗を示す値である.**破壊靭性値**ともよばれ,重要な機械的材料特性の一つである.表 3.6 に代表的物質の K_{IC} を示す.

3.6.3 破壊強度の向上

式(3.109)より,き裂長さ $2c$ を小さくし,破壊靭性値 K_{IC} を大きくすることが破壊強度を大きくする指針となる.高強度が求められる材料では,基本的にち密で均質な多結晶組織となるような合成プロセスが用いられている.しかし,微小なき裂や気孔,また結合強度が弱い箇所を完全に除去することは難しい.多結晶体の表面付近でのき裂長さは粒子径と同程度と考えられている.実験的にも粒子径が小さくなると強度が増加する傾向があり,破壊応力 σ_f と粒子径 d の間には次の経験式が成り立つことが多い.

$$\sigma_f = \sigma_0 + k d^{-1/2} \tag{3.110}$$

ここで σ_0,k は定数である.また気孔も強度を低下させ,次の経験式がある.

$$\frac{\sigma_f}{\sigma_0} = e^{-np} \tag{3.111}$$

p は気孔率,n は定数である.

大きな K_{IC} とするには,Young 率 E と表面エネルギー γ_s がともに大きいことが望まれるが,実効的には大きな γ_s となる組織制御をすることが多い.多結晶体の破壊靭性が向上する機構の因子として図 3.53 に示すものが報告されている.何れもき裂進展に対する抵抗を増加させるものであり,転位,相転移,マイクロクラック,き裂の偏向・湾曲,繊維状粒子の引き抜き,粒子による架橋,圧縮残留応力による遮蔽などがある.

応力による塑性変形が生じると,加えられたエネルギーを吸収するため γ_s が大きくなる.無機固体では転位による塑性変形の寄与は一般に小さい.しかし,高温では変形に必要な応力が低下し,塑性変形による靭性向上がみられることがある.また,無機固体に金属を複合化すると,K_{IC} が大きい金属の塑性変形によ

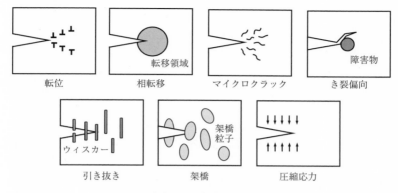

転位　　　　　　　相転移　　　　マイクロクラック　　き裂偏向

引き抜き　　　　　　架橋　　　　　　圧縮応力

図 **3.53**　破壊靭性が向上する種々の機構

り靭性が向上する．この複合材料は**サーメット**(ceramic-metal の略称)として研削加工材料などに用いられている．

　相転移を利用した高靭性多結晶体として，**部分安定化ジルコニア**(partially-stabilized zirconia：PSZ)が知られている．PSZ では，立方晶 ZrO_2 中に部分的に存在する正方晶粒子が，き裂先端部の引張り応力により単斜晶へマルテンサイト変態してエネルギーを吸収する(この際に体積膨張を伴う)．そのためにき裂成長が抑えられ，これが γ_s を増加させ K_{IC} の向上につながっている．この機構は**変態誘起靭性**ともよばれている．正方晶 ZrO_2 粒子を分散させたアルミナセラミックスや，微粒正方晶 ZrO_2 セラミックスの高靭性もこの機構による．

　非常に小さなき裂や高 Young 率の粒子が存在していると，き裂の分散や進展方向の変化が生じる．また，ウィスカー(ひげ状結晶)や配向粒子があると，き裂が進展するにはそれらの引き抜きや分断が必要となる．それらにより先端部のエネルギーが吸収されるため，破壊靭性は向上する．また，母相の結晶に大きさの異なる第2成分(原子，イオン)を固溶させると，結晶格子に歪みや内部応力が生じる．圧縮応力が存在していると，加えられた引張り応力の減少につながり，破壊靭性の向上に寄与する．

3.6.4 硬 さ

　固体の強度がどのくらいの応力で破壊に至るかを表すものに対し，硬さは固体表面での"きず"がどこまで生じないかを表す指標である．"きず"は塑性変形の結果生じるものであるから，硬さとは塑性変形に対する抵抗といえる．固体の硬さを表す定性的な指標として Mohs（モース）硬さが古くから用いられているが，定量的に表すには，圧子の打ち込みでできる圧痕の大きさから硬さを求める．いくつかの方法があるが，最も代表的なものは Vickers（ビッカース）試験法である．図 3.54 に示すように，ダイヤモンドなどの圧子をある荷重 P を掛けて固体表面に打ち込み，生じた圧痕（長さ d）から **Vickers 硬さ** $H_V (= 1.89 \times 10^{-7} P / d^2 [\mathrm{N\,m^{-2}}]$ あるいは $= 1.85 P / d^2 [\mathrm{kgf\,mm^{-2}}])$ を算出する．

　無機固体では塑性変形が起こりにくいため，圧痕が生じるほどの荷重を加えると，図 3.54(b) のように圧痕からき裂が生じることも多い．つまり局部的な破壊が生じている．このき裂の長さを測定し，他の破壊強度試験の結果と合わせて破

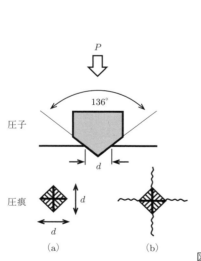

図 **3.54** Vickers 硬さ試験
　　　(b) は，き裂が生じた場合．

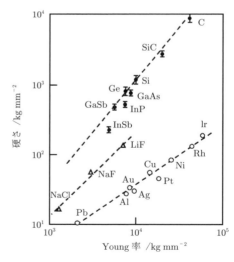

図 **3.55** 硬さと Young 率の関係
● ：共有結合性結晶（ダイヤモンド構造），
△ ：イオン結晶，○ ：金属（fcc 構造）

壊靭性を求めることもできる.

　破壊応力 σ_f と Vickers 硬さ H_V の関係は複雑であるが, 実験的に,

$$\sigma_f = \frac{H_V}{n} \tag{3.112}$$

の関係があることが知られている. ここで n は化学結合や形態に依存する定数で, イオン結晶などの無機固体では 30〜50 程度の値をとる. 金属の場合は σ_f の代わりに降伏応力をとると, n が 3 程度となる. 無機固体の破壊応力は Young 率と関連している(式(3.108)参照)ことから, 硬さも Young 率と相関がある. 図 3.55 のように, 同じ化学結合をもつ物質間では Young 率が大きいほど硬さも大きい. 金属, イオン結晶, 共有結合性結晶の順に硬さが大きくなることもわかる. なお, 両対数で示した図 3.55 では線の傾きが 1/2 になるはずであるが, 実際には異なるのは破壊の際の表面エネルギー γ_s が違うためと考えられる.

3.6.5　塑性変形とクリープ

　破壊応力が降伏応力より大きな固体に降伏応力以上の応力を加えると, 応力を取り去ってももとの形に戻らない塑性変形を生じる. この塑性変形は, 結晶のある原子配列面がせん断応力によってすべった結果とみることができる. ある面に沿って原子列がずれる場合に必要な応力 τ_m(**理論せん断応力**)は理論的に次式で近似される.

$$\tau_m = \frac{b}{h}\frac{G}{2\pi} \tag{3.113}$$

b と h はそれぞれ, すべり方向, すべり面の原子間距離, G は剛性率である. Al_2O_3 の場合, 式(3.113)により得られる τ_m は 10^{10}〜$10^{11}\,\mathrm{N\,m^{-2}}$ となる. しかし, 実際の結晶で測定された降伏応力は 1500 K で $10^8\,\mathrm{N\,m^{-2}}$ オーダーであり 2 桁以上小さい. 金属単結晶でも測定値は τ_m よりも 3 桁程度小さい. これは結晶中に格子欠陥の一種である転位の生成, 移動によるためである(2 章参照).

　図 3.56 に転位の生成と移動の模式図を示す. なお, 図は刃状転位の場合であり, 転位が連なる転位線(紙面奥行き方向)は原子位置のずれの大きさと方向を表す **Burgers**(バーガース)**ベクトル b** と垂直方向にある. 結晶がすべるということは, 図 3.56 の(a)から(c)へ一度に変わるのではなく, 転位が生成しそれが移動することによる. 転位が移動するために必要な応力は **Peierls-Nabbaro**(パイ

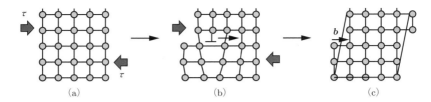

図 3.56　転位の移動
τ はせん断応力，⊥ は転位，$\boldsymbol{b}$ は Burgers ベクトルを示す．

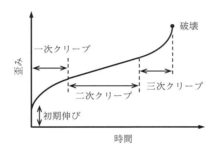

図 3.57　典型的な歪み–時間特性（クリープ曲線）

エルス・ナバロ）**応力** τ_p として知られており，次式で表される．

$$\tau_\mathrm{p} = \frac{2G}{1-\nu} \exp\left\{ -\frac{2\pi h}{(1-\nu)|\boldsymbol{b}|} \right\} \tag{3.114}$$

ここで ν は Poisson 比，$|\boldsymbol{b}|$ は Burgers ベクトルの大きさの絶対値である．これ
より，G と $|\boldsymbol{b}|$ が大きく h が小さいほど，転位が移動する応力が大きくなる．金
属と比べて無機固体，とくに共有結合性結晶では G と $|\boldsymbol{b}|$ が大きいため τ_p も大
きく，塑性変形を妨げている．

　これまで述べたように，無機固体では一般に常温では塑性変形は生じにくい．
しかし，高温ではクリープ現象が生じて変形や強度低下が起こることがあり，高
温高強度材料として応用する場合に問題となる．**クリープ**とは，一定応力下に置
かれた材料が塑性変形し，時間の経過とともに変形量が増大する現象をいう．典
型的な歪み–時間特性（クリープ曲線）を図 3.57 に示す．応力は引張りでも圧縮で
もほぼ同様な特性がみられる．歪み–時間特性では通常三つの領域がみられ，二

表 **3.7**　クリープの機構と対応する定数 m, n

クリープ機構	m	n	物質の拡散路
格子(粒子内)機構			
転位の移動	0	3	粒子内
空孔の粒内拡散	2	1	粒子内
(Nabbaro-Herring(ナバロ・ヘリング)			
クリープ)			
粒界機構			
空孔の粒界拡散	3	1	粒界
(Coble(コーブル)クリープ)			
粒界すべり(液相あり)	1	1	第2相
粒界すべり(液相なし)	1	2	粒子内または粒界

次クリープ(または定常クリープ)とよばれる歪み速度 $\dot{\varepsilon}$ が一定の領域からクリープ機構に関する知見が得られる．二次クリープには次の一般式が成り立つ．

$$\dot{\varepsilon} = \frac{ADGb}{kT}\left(\frac{b}{d}\right)^m\left(\frac{\sigma}{G}\right)^n \tag{3.115}$$

ここで，$\dot{\varepsilon}$：歪み速度，A：定数，D：拡散係数，G：剛性率，b：Burgers ベクトルの大きさ，d：粒子径，σ：応力，m および n：定数である．原子・イオンの拡散にはさまざまな機構があるが(2章および3.1節参照)，式(3.115)の拡散係数 D はそれらの中で律速となる機構(拡散種，経路)のものである．金属の塑性変形が主に転位の生成・移動によるものに対して，無機固体(とくに多結晶体)のクリープでは原子・イオンの拡散が重要な因子となっている．いくつかのクリープの機構とそれらに対応する定数 m, n の数値を表3.7に示す．拡散によるクリープの場合は粒子径依存性が顕著にみられ，一般的には粒子径の小さな多結晶では粒界拡散，粒子径が大きくなると粒内拡散が支配的になる．また，粒界にガラス相が存在する場合には，高温で粘性が下がり粒界すべりを起こしやすい．Si_3N_4 などの共有結合性化合物多結晶体は，比較的低い温度ではクリープ変形が非常に少なく高強度であるが，高温では強度が急激に減少する．これは焼結助剤(MgO や Y_2O_3 など)が粒界にガラス相をつくり，高温で粒界すべりによる変形が生じることが原因と考えられている．

参 考 文 献

[第1章]

[1] 田中勝久, 固体化学, 東京化学同人, **2004**.

[2] 日本セラミックス協会編, セラミック工学ハンドブック(第2版)基礎編, 技報堂出版, **2002**.

[3] 今野豊彦, 物質の対称性と群論, 共立出版, **2001**.

[第2章]

[1] D. M. Smith, *The Defect Chemistry of Metal Oxides*, Oxford University Press, **2000**.

[2] 小菅皓二, 不定比化合物の化学, 培風館, **1985**.

[3] P. G. Shewmon, *Diffusion in Solids*, McGraw-Hill Book Company, **1963**; Wiley, 2nd ed., **1991**.(笛木和雄, 北澤宏一訳, シュウモン 固体内の拡散, コロナ社, **1994**.)

[4] J. W. Pattersona, E. C. Bogren, R. A. Rapp, *J. Electrochem. Soc.* **1967**, *114*, 72.

[5] O. Johannesen, P. Kofstad, *Solid State Ionics* **1984**, *12*, 235-242.

[第3章]

[1] 犬石嘉雄ほか, 誘電体現象論(電気学会大学講座), 電気学会, **1973**.

[2] K. Uchino, *Ferroelectric Devices*, CRC Press, **2009**.(内野研二, 石井孝明訳, 強誘電体デバイス, 森北出版, **2005**.)

[3] 近角聰信, 強磁性体の物理(上)(物理学選書4), 裳華房, **1978**.

[4] 近角聰信, 強磁性体の物理(下)(物理学選書18), 裳華房, **1984**.

[5] 安達健五, 化合物磁性―局在スピン系(物性科学選書), 裳華房, **1996**.

[6] 安達健五, 化合物磁性―遍歴電子系(物性科学選書), 裳華房, **1996**.

[7] 櫛田孝司, 光物性物理学, 朝倉書店, **1991**.

[8] 田中勝久, 固体化学, 東京化学同人, **2004**.

[9] 水田進, 河本邦仁, 材料テクノロジー13 セラミック材料, 堂山昌男, 山本良一編, 東京大学出版会, **1986**.

[10] 幾原雄一 編著, セラミック材料の物理：結晶と界面. 日刊工業新聞社, **1999**.

索　引

東京大学工学教程

著者の現職

宮山　勝（みややま・まさる）
東京大学名誉教授

北中　佑樹（きたなか・ゆうき）
産業技術総合研究所製造技術研究部門　研究員

野口　祐二（のぐち・ゆうじ）
熊本大学半導体・デジタル研究教育機構半導体部門　基礎分野長　教授

中村　吉伸（なかむら・よしのぶ）
東京大学大学院理学系研究科物理学専攻　特任研究員

松井　弘之（まつい・ひろゆき）
山形大学大学院有機材料システム研究科有機材料システム専攻　教授

竹谷　純一（たけや・じゅんいち）
東京大学大学院新領域創成科学研究科物質系専攻　教授

東京大学工学教程　基礎系　化学
無機化学Ⅲ：無機材料の構造と物性

令和 6 年 7 月 30 日　発　行

編　　者　　東京大学工学教程編纂委員会

著　　者　　宮山　勝・北中　佑樹・野口　祐二・
　　　　　　中村　吉伸・松井　弘之・竹谷　純一

発 行 者　　池　田　和　博

発 行 所　　丸善出版株式会社
　　　　　　〒101-0051　東京都千代田区神田神保町二丁目17番
　　　　　　編集：電話 (03) 3512-3261／FAX (03) 3512-3272
　　　　　　営業：電話 (03) 3512-3256／FAX (03) 3512-3270
　　　　　　https://www.maruzen-publishing.co.jp

Ⓒ The University of Tokyo, 2024

組版印刷・製本／三美印刷株式会社

ISBN 978-4-621-30923-0　C 3343　　　　　　Printed in Japan